U0040508

Ⓘ 件 單 品

×

⑥ 種 風 格

致台灣讀者

當我以個人造型師的身分陪顧客買衣服，挑好適合的洋裝，請顧客到試衣間試穿後，顧客走出試衣間時總會對我說：

「好像哪裡怪怪的……」

的確，規規矩矩地穿衣服並不好看。

但只要把褲管捲起、袖子挽起、衣領敞開，穿得率性一點，同一件衣服就會煥然一新，時尚度加倍！

「原來還可以這樣穿！」

顧客常這麼讚嘆。

原來，大家並不是不知道該穿哪一件衣服，而是不曉得怎麼穿。

察覺這個現象，促使我撰寫了本書。

- 不論穿什麼都土土的
- 穿平價服飾又不想與人撞衫
- 不曉得自己適合什麼樣的衣服
- 明明有很多衣服,卻不知道今天該穿什麼

這些都是顧客常向我諮詢的問題。其實,想要營造時尚氛圍,穿法上的變化、顏色搭配、小配件、髮型、體態與姿勢等各種要素所構成的「整體比例」,會比「該穿什麼」更重要,換言之,關鍵在於「該怎麼穿」。

如今我已邁入四十大關,但在穿搭方面仍是實習生。四十歲是一面摸索自我風格、一面將平價單品融入穿搭中又不願被人一眼看穿是便宜貨的微妙年紀。我將過去經歷了多次失敗、一路摸索後終於發現的穿搭技巧,以及搭配平價單品的方式及保養方法,整理成了所有人都能輕鬆駕馭的SOP,收錄在本書中。

本書的另一個主題是「物美價廉」。學生時代,朋友甚至封我為「撿便宜女王」,我喜歡靠自己的雙眼尋找物超所值的東西,購物對我而言就像尋寶,幾個鐘頭下來都樂此不疲。這是我的初衷,如今一點

My Styling book —— Michiko Hibi
Introduction

也沒變。

時尚展現的是一個人的美感、喜好與生活態度。「便宜服飾也要用心欣賞、挑選，仔細保養，穿得長久。」——這是我對衣服的堅持。

這本書不只介紹了打扮技巧，還收錄了如何挑選衣服及簡單的保養方法。只要悉心愛護衣服，很神奇的，我們自然會更珍惜它們。但願有愈來愈多人，也能在不斷推陳出新的新衣吸引下，不迷信昂貴服飾，真正享受「穿搭的樂趣」。

從事時尚的工作至今已經十年了，我除了為一般民眾提供穿搭的諮詢服務，也與各時尚品牌推出聯名商品，為網站撰寫時尚專欄，經營部落格並出版書籍與雜誌，這些與服飾相關的工作，令我樂在其中。願本書能為大家帶來靈感，更加享受時尚穿搭。

日比理子

My Styling book —— Michiko Hibi
Introduction

我的 10 招時尚祕訣

Good Fashion!

01 不買多餘的衣服,堅持有缺才買。

02 加些巧思,避免死板的穿法。不以衣服的量取勝,而是著重穿法、配件、髮型。

03 出門前套上鞋子看看全身比例,連背影都要檢查,時常會有意料之外的發現。

04 善用白色營造時尚感。春夏多穿、秋冬少穿,依季節調整。

05 不要全身都穿流行款。穿搭裡只要有1～2項流行元素(配件、版型、顏色等等)就很時髦。

So Cool!

$\underline{0}6$ 挑選平價服飾的條件與想法是「物超所值」，若是因為價格便宜而將就購入是不會愛惜那件衣服的。

$\underline{0}7$ 一開始可以先學習模仿，培養眼光，慢慢發現「不合適之處」再融入自我風格。像是配件的搭配、衣服的長度、髮型等等。

Let's enjoy

$\underline{0}8$ 偶爾欣賞、摸摸看高級服飾。若有喜歡的，可以找類似但價格實惠的款式，找起來其實沒有想像中困難。

$\underline{0}9$ 即使便宜也要愛惜、保養。如何讓衣服常保如新是很重要的。

$\underline{1}0$ 別被流行左右、不要跟人比較，不適合自己的就該跳過。這樣衣櫃自然不會爆炸。

※ 本書收錄的服飾、配件全都是作者的私人物品，有些商品已經絕版，還請見諒。
※ 本書刊登的內容為 2016 年 3 月時的資訊。

Chapter 01

TECHNIQUE

實穿百搭的技巧

———

一點小技巧，

就能將基本款的衣服穿得更漂亮、

更時尚！

為穿搭賦予變化！

how to look smart

全身別穿得太有一致性，能營造時髦感。
將乍看之下不搭的配件組合起來，
醞釀自我風格，就能很時尚。

PATTERN 1

全身太過休閒，
看起來土土的。

增添小配件

配上珍珠項鍊，把帆布鞋換成高跟鞋，休
閒中帶有女人味的穿搭便完成了。

加上帽子

太過休閒的打扮不妨配上帽子與樂福鞋增
添俐落感，營造帥氣風。

PATTERN 2

全身太過女性化，
有點老氣。

搭配牛仔外套

配上牛仔外套既甜美又帥氣。不但能維持
品味，還能穿出率性感，時尚度UP！

搭配條紋上衣

將兩件式針織套裝的內搭換成條紋上衣，
營造出恰到好處的休閒感。

時尚的白色穿搭法
how to look smart

白色能襯托其它色彩，提升質感。
在穿搭中加入白色還能營造「顏色的通透感」，讓視覺比例更好。

臉部周圍加上白色

臉部周圍用白色點綴，能讓臉色明亮。白
耳環、白領子、白連衣帽都有相同的效果。

白色配件的用法

How to use
white color?

用白色包包營造亮點

穿基本色時只要加入白色包包，就能俐落
簡約又有型。

足部用白色營造通透感

把平日穿的帆布鞋換成白色，既時尚又清
爽。不過於休閒正是白色的優點。

搭白披肩
提升亮度

用白長褲
營造時尚感

用白色增添明
暗層次

LET'S ENJOY "WHITE"

單一色系加白色
增添層次

單一色系的打扮看起來容
易土土的，加入一些白色
能讓視覺比例變佳。

深色打扮用
白色點綴

當全身色調偏暗時，加點
白色營造通透感，整體看
起來就能輕巧些。

白長褲清爽
又優雅

白長褲四季皆可穿，能融
入任何打扮，屬於經典百
搭款。

綁腰線的訣竅
how to look smart

將襯衫或針織外套繫在腰上，
不只能當作亮點，
還能遮掩小腹。

HOW TO

① 先將長袖襯衫的扣子全部解開，
將上半部往下折，若襯衫較寬，
也可以把第一顆扣子扣起來。

② 繫在髖骨位置。打結的位置不要
在正中間，稍微偏一點更顯率性。

OK 若衣襬太長，可以往內摺調整長
度。針織外套的步驟也一樣。

讓結不易鬆脫的技巧

打結後將上面的袖子從下面繞一
圈，就能讓結穩固又不明顯。

NG
⇨ 紐結打在正中間
⇨ 紐結位置太高
⇨ 紐結綁得太緊

⇦ 把這裡
往下折！

※ 將連衣帽外套繫在腰上時，也跟上面的步驟一樣。連衣帽外套繫好後，要將腰後多餘的
部分朝外往下摺。

TECHNIQUE
04

搭配披肩的訣竅
how to look smart

披肩能修飾手臂、肩寬，
讓目光集中在上半身，為時尚加分。
春夏選薄外套，秋冬選粗一點的毛衣，就能醞釀出季節感。

1

將針織外套的扣子全部扣上，上半部往下摺一點。

2

披在肩膀上，鬆鬆地打結。把結稍微往旁邊移一點，看起來較自然。

variation 1
披的時候將扣子露出來，又是另一種感覺。

variation 2
想讓上身清爽，不妨讓袖子自然垂墜。

variation 3
不扣扣子直接披起來，左右稍微不對稱，能營造出女人味。

> 披在外套上就很好看！

variation 4
把兩隻袖口俐落地收在一起。

variation 5
調整一下袖子的形狀，直接垂放在兩旁。

鞋子不必花大錢
how to look smart

我們常聽人說「鞋子要買好一點的」，但鞋子畢竟是消耗品。
我認為平常穿的只要買台幣2000元左右、壞了不會太心疼的款式就足夠了。
建議買平價又有質感的鞋款，好好保養、穿久一點。
若想延長鞋子的壽命，穿1天後就要讓它休息1～2天。

01 artemis by DIANA
DIANA的休閒款不但價格實惠，設計也很有質感，成熟中帶點可愛。

02 Le Talon
這是BAYCREW'S系列的鞋子品牌。款式多，又是日本製。鞋墊很軟，腳不容易累。

03 Boisson Chocolat
UNITED ARROWS系列的鞋子品牌。價格實惠，設計也充滿流行感。

[我推薦的平價高跟鞋]

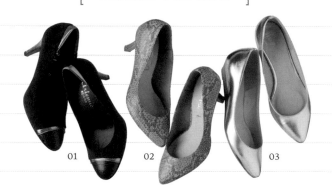

01　　　02　　　03

其他牌子

MARUI

MARUI的通勤淑女鞋「velikoko」系列，除了能減輕腳的負擔，尺寸也很齊全，設計又好看，適合剛接觸高跟鞋的人。

ORiental Traffic

鞋跟底端可免費修理。將不要的ORiental Traffic的鞋子帶去店裡，還能獲得500日圓折價券（兩者都是店面限定服務）。

[麂皮材質高跟鞋
一年四季皆可穿]

[穿高跟鞋讓腿型
更顯修長的祕訣]

麂皮鞋雖然怕雨淋，但能貼合腳型，穿了不易痛，一年四季都實穿。

下半身與鞋子穿同色系，可營造出長腿效果。

穿裸色高跟鞋讓小腿到腳尖在視覺上統一，腿看起來就會修長。

我心愛的平底鞋款

01

UNITED ARROWS

【 黑色漆皮樂福鞋 】

這是我鞋櫃中必備的平底鞋。當我不想穿高跟鞋，穿帆布鞋又怕太休閒時，這雙就是最佳選擇，一年四季都常穿。

02

DANIELE LEPORI

【 白色漆皮樂福鞋 】

春夏必備。除了能讓雙腳看起來輕盈，搭配休閒裝扮時白漆的簡潔俐落感也能將整體造型優雅地收束起來。

03

Pertini

【 蛇皮紋樂福鞋 】

能為裝扮增添幾分率性，是很好的亮點。雖然是蛇皮紋，設計卻很簡約，搭任何造型的服飾都好看。

04

SEPTEMBER MOON

【 黑色漆皮牛津鞋 】

黑色漆皮往往給人冷酷的印象，似乎只有精通時尚的人才能駕馭，但漆皮其實很好搭配。適合在成熟又不失可愛的裙裝中作為點綴。

05

Pili Plus

【 蛇皮紋懶人鞋 】

簡約休閒的打扮有了這一雙也能很時尚！雖然圖案有些花俏，卻比想像中好搭配，穿起來一點也不俗氣。

MY FAVORITE SHOES!

06

CONVERSE

【 灰色高筒帆布鞋 】

必備的高筒帆布鞋建議選百搭的灰色。這種鞋款會讓腳看起來比較重，所以穿的時候要露出一點腳踝，視覺比例才會好。

07

adidas

【 白色休閒鞋 】

造型簡單，能將穿著漂亮地統整起來。我都用百元商店的科技海綿，讓白色帆布鞋亮白如新（笑）。（→ P126）

08

CONVERSE

【 白色低筒帆布鞋 】

知名的CONVERSE帆布鞋總是透著一股懷舊復古感。不論休閒風或簡約風，搭上它都很好看。

戴帽子讓穿搭升級！

how to look smart

很多人都想挑戰戴帽子，卻又缺乏勇氣。

其實帽子是萬能配件，一戴上去，時尚感立刻加倍。

只要掌握了挑法及戴法，就沒什麼好怕了！

① **[皺褶]**
皺褶淺一點的款式比較
自然

② **[高度]**
符合臉長，不要太高

③ **[帽簷寬度]**
窄→休閒感
寬→優雅感
另外，帽簷愈寬臉看起
來會愈小

④ **[材質]**
夏天通常選編織類型的拉
菲草帽、巴拿馬帽，冬天
則選溫暖的毛呢、毛線

戴帽子時的耳環

選簡單別太招搖的款式，
視覺比例才會好。

圈狀耳環其實也很適合搭
配帽子造型。

戴法上的訣竅

推薦！

◎
OK!

戴在從正面能若隱若
現看見額頭正中央與
眉毛的位置。

✕
NG

戴太淺會顯得孩子
氣，過三十歲就不
適合。

秋冬用的毛呢帽，搭裙子也很好看。

春夏必備的白帽，配上全身藍的打扮，看起來乾淨清爽。

帽子與包包都選拉菲草材質，充滿夏日氣息。

這樣解決！

與帽子相關的煩惱

底妝沾到帽子內緣

➡ 貼上防沾膠帶

在帽子內側容易碰到額頭、沾到底妝的部分，貼上適當長度的防沾膠帶，髒了就替換，如此便能常保清潔。膠帶很便宜，時常替換也不心疼。

防沾膠帶

帽子被風吹走

➡ 貼上泡棉膠帶

在帽子內側貼上百元商店、家居賣場都有賣的泡棉膠帶，以及帽子專用的尺寸調整膠帶，就不必擔心被風吹走了！

泡棉膠帶

➡ 用一般髮夾固定帽子

在耳上將帽子內側的吸汗帶與頭髮一起用髮夾固定。雖然有點麻煩但固定起來很穩。

令人讚嘆「品味真好」的選色技巧

how to look smart

[顏色數目與配色訣竅] 　全身的顏色數目除了白色以外，要控制在3色以內才有一致性。藍色系與棕色系的搭配可以有很多變化。

清新自然的顏色搭配

配色時將同色系搭在一起是最簡單的方法，此外我也推薦百搭實穿的藍色系混棕色系。

降低顏色數目，營造成熟風

顏色的數目除了白色以外，需控制在3色以內，視覺比例才會好。顏色若太多，容易花俏雜亂，這點要特別留意！

用相近色串連 | 將全身各個部位用相近色串在一起，除了能營造一致性，還能提升質感。

── ☑ 黑

☑ 灰

☑ 灰

黑 ☑

黑 ☑

黑 ☑

── ☑ 灰

用黑色串連

服飾雖是純白色，但幾個小地方都用了黑色，既有一致性又有收束的效果。

用灰色串連

不只外套與鞋子，連襯衫花紋都帶有灰色。顏色串得不著痕跡，率性又自然。

坦克背心的選法及穿法
how to look smart

教妳坦克背心的挑選方法與時尚穿搭技巧！

TECHNIQUE

08

> 坦克背心只要有白色與灰色就夠了！

顏色與材質的挑法

淺灰與白色是坦克背心的入門百搭色，材質建議選露出來也OK的螺紋布。PLST的坦克背心厚薄適中又不易變形，品質非常好。

- 淺灰

淺灰不易透，看起來也不像衛生衣。

- 白

露出一點白色的坦克背心，是很實用的穿搭技巧。

> 若要買第3件，就選深藍色！

若要選第3件坦克背心，建議挑深藍色。
穿深色上衣時可以內搭，非常方便。

購買時檢查這些地方！

- ☑ 領口的車邊適中，不能太細也不能太粗。
- ☑ 領口位置剛剛好就好，不要太高也不要太低。
- ☑ 胸部、手臂周圍要貼合，確認內衣不會露出。
- ☑ 下襬夠長（多層次穿搭時可讓下襬稍微露出來，這樣蹲下時內褲也能被擋住）。
- ☑ 坦克背心需要時常清洗，所以要選堅韌、不易變形的材質。

[質感要統一！]

坦克背心的質感若與上衣不搭，看起來就會很突兀，
因此要盡量選合適的材質。

（1）棉質坦克背心

⇩ ⇩
麻料襯衫之類
水洗加工的天然材質襯衫

（2）嫘縈坦克背心

⇩ ⇩
有垂墜感的上衣之類
具有光澤感的罩衫

[讓妳與眾不同的坦克背心穿法]

⇦ 露出1.5〜2cm
左右剛剛好

AFTER / **BEFORE**

用白色點綴深色穿搭，增添亮點！

深色打扮露出一點白色，看起來就更
亮眼了。

多層次穿搭

露出襯衫裡疊穿的坦克背
心，能營造出多層次的立
體感與率性印象。

萬用百搭！圓領針織外套
how to look smart

現在市面上流行休閒單品，人人都喜歡 V 領針織外套，但基本的圓領針織外套其實也能隨扣子的扣法及穿法呈現不一樣的感覺，是萬用百搭的單品！

能休閒
也能正式

最基本的穿法

variation 1

裡面搭襯衫，簡約又帥氣。襯衫袖口摺一半起來，更顯俐落。

variation 2

扣子全部扣上，能收束上半身。適合搭配蓬鬆的裙子或寬褲。

variation 3

手臂不穿過袖子，當作披肩。能營造成熟氛圍。

variation 4

只將上面的扣子扣起來，能增添女人味。最頂端的扣子可以打開。

variation 5

扣中間的扣子，做出上下兩個 V 型剪裁，營造率性自然的印象。

variation 6

露出白襯衫的領子，既成熟又可愛。

包包與鞋子的顏色該一樣嗎？

how to look smart

什麼樣的地點、場合該選擇什麼樣的服裝呢？
藉由顏色一致或分開，打造屬於自己的印象吧！

[包包與鞋子顏色一致] ⇨ 適用於正式場合，想讓人看
起來隆重時。

棕灰色的包包與鞋子，
上班時也可以穿。

黑包包搭配黑鞋，給人成熟、正式
的感覺。

[包包與鞋子顏色不一致]

⇨

適用於想營造時尚感時。與顏色一致
相比，顯得更加休閒亮眼。

簡單！各式圍巾圍法

how to look smart

圍巾穿戴方便，又容易變化，所以我蒐集了很多條。
以下介紹既時尚又迅速簡單的2種圍法。

[輕薄的圍巾用圍脖圍法【春、秋】]

這是某服飾品牌推薦的圍法，能輕輕鬆鬆將圍巾圍得漂亮。

① 調整寬度後將圍巾繞過頭部，使左右長度一樣往下垂，接著在前方交叉向後挪。

② 後面跟前面一樣交叉，將圍巾兩端往前拉。

③ 將蓋在頭上的部分往後挪，圍巾兩端打結。

④ 調整形狀，讓結不要露出就完成了。

[厚重的毛料圍巾用米蘭圍法【冬】]

① 左右長度稍微錯開後繞一圈（長度可視喜好自行調整）。

② 將長的那一端從繞了一圈的披肩底下往上拉出一個洞，將較短的那一端穿過洞。

③ 調整形狀就完成了。

輕薄的披肩用米蘭圍法也很好看，訣竅在於圍鬆一點。

提升休閒棉褲時髦感的技巧
how to look smart

TECHNIQUE

12

休閒棉褲雖然也是必備單品，穿起來卻容易邋遢。
不過只要搭配西裝外套或襯衫等硬挺俐落的服飾，就能避開家居服的感覺。
全身穿帥氣一點也是避免邋遢的好方法。

西裝外套搭配棉褲與
帆布鞋，打造運動風。

用風衣營造俐落感。
只要與較正式的服裝
搭配，棉褲也能很有
質感。

搭配牛仔襯衫，率性
又自然。加上高跟鞋
又多了點女人味。

挑選休閒棉褲的訣竅

- ☑ 選厚薄適中，不顯胖的
  款式。
- ☑ 若不喜歡蓬蓬的剪裁，
  可以選深藍色等具有收
  束效果的顏色。
- ☑ 尺寸不能挑太大，否則
  容易邋遢，要選合身的
  版型。

鞋子的祕技！

解決高筒帆布鞋煩惱的祕技

① 不易穿脫

→換上百元商店的彈性鞋帶就能輕鬆解決！彈性鞋帶相當於鬆緊帶，穿脫非常方便，建議小孩的運動鞋也換上這種鞋帶。

② 高筒的緣故讓腳看起來變短

→用鞋墊把腳墊高，這在百元商店也買得到。

讓隱形襪「真的隱形」的祕技

穿上高跟鞋後……

① 隱形襪容易從尖頭高跟鞋等淺口鞋露出來，就連強調「淺口鞋適用」的款式，穿上高跟鞋都會變成這樣。

像是這樣

② 此時不妨將襪子避開大拇趾與小趾，只將其他三隻腳趾穿入襪子。

再穿上鞋……妳看！

③ 於是……隱形襪真的隱形了！用手邊現有的隱形襪就能輕鬆做到，請務必試試看！

Chapter 02

BASIC ITEM

基本款

——

妳的基本款該如何挑選？

掌握訣竅

往後再也不必猶豫！

棉質襯衫一年四季皆可穿，是非常實用的單品。可以當外套、當披肩，也可以直接穿或繫在腰上，當毛衣或大衣的內搭也很好看，這種萬用性質正是襯衫迷人的地方。袖子鬆鬆地挽起還能增添女人味。

VARIOUS SHIRTS

[牛仔襯衫]
- denim shirt

不易皺，是旅行的好幫手。不過打扮起來容易偏中性，所以穿法和首飾要女性化些。一年四季皆可穿。

[藍襯衫]
- blue shirt

藍襯衫不但實穿百搭，而且本身就很好看，與所有基礎色都能搭配，容易穿出自我風格。

[白襯衫]
- white shirt

最簡約大方，卻也因此不易挑選、難以穿出自我風格。建議挑不同材質營造不同的感覺。順帶一提，我的居家服就是無印的水洗襯衫。

[格子襯衫]
- check shirt

格子襯衫看起來很像小朋友，但只要選黑色就能給人成熟的印象。在穿搭上可以用黑白色系簡約俐落地統一，也可以用鮮豔的色彩點綴，打造出成熟中帶點可愛的風格。

[亞麻襯衫]
- linen shirt

麻料吸濕、快乾、觸感冰涼，最適合酷熱的夏天。亞麻是愈用愈有味道的材質，我每年都很期待添購一、兩件。介意皺褶的人不妨用熨斗稍微燙一下。

shirt ⋯ GALLARDAGALANTE
pants ⋯ PLST
bag ⋯ ZARA
shoes ⋯ Pili Plus
sun glasses ⋯ aquagirl

穿出率性自然感!

看起來更有型!
襯衫腰線的處理 &
挽袖子的技巧

腰線

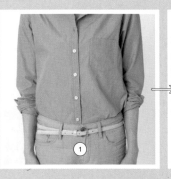

NG

1 將襯衫前半紮進褲子或裙子裡(紮進去後先拉整齊)。

2 看著鏡子,沿腰線將襯衫一點一點地拉蓬並調整形狀。

人的視線容易集中在前方(袖子與衣襬),若衣襬全部露出來,重心就會往下,導致上半身太重而顯得邋遢。

袖子的挽法

1 先將袖子捲至約3分之2長。

2 接著再往上小小摺一圈,露出袖扣。

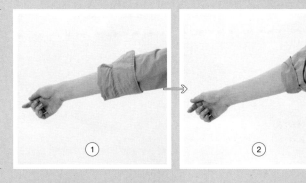

毛衣與襯衫疊穿時

從毛衣的袖口將襯衫袖子拉出半截。

把拉出的部分往回摺,做出層次感。

牛仔外套的步驟也一樣!

WHITE SHIRTS

我愛格子襯衫

recommend coordinate N°02

簡單配色加上有亮澤感的紅，
讓尋常的打扮變得與眾不同

小部分用紅色點綴，搭配具有垂墜感的罩衫與長褲，便宜服飾也能搖身一變為晚宴服。鍊子包斜斜地背更好看。

tops ··· UNIQLO
pants ··· UNIQLO
bag ··· LORENS
pumps ··· PRINGLE 1815

recommend coordinate N°01

用金屬光澤的高跟鞋增添
俐落感與通透感

繫了皮帶的長褲配上格子襯衫，率性又自然。點綴用的藍色披肩非常適合與黑白色系搭配。

shirt ··· MUJI
pants ··· UNIQLO
stole ··· ZARA
bag ··· &.NOSTALGIA
pumps ··· Boisson Chocolat

recommend coordinate N°04

偏黃的暖色系用白襯衫
營造清新感

鮮豔亮眼的黃很適合搭配同色系的焦糖色
與駝色。腰部繫上皮帶，可將造型收束起
來、增添俐落感。

shirt ··· **MUJI**
knit ··· **NOMBRE IMPAIR**
pants ··· **Theory**
bag ··· **OTTO GATTI**
pumps ··· **AmiAmi**

recommend coordinate N°03

混搭顏色與材質的
成熟休閒風

藍色與粉紅色的配色成熟可愛且令人過目
難忘。包包與鞋子以大地色統一，調節視
覺比例。

shirt ··· **UNIQLO**
tank-top ··· **UNIQLO**
pants ··· **N.Natural Beauty Basic**
bag ··· **MASION VINCENT**
sandals ··· **ADAM ET ROPÉ**

KHAKI SHIRT

recommend coordinate N°06

將傳統的格子襯衫穿出
渾然天成的女人味

休閒的法蘭絨格子襯衫,配上窄裙與高跟
鞋營造俐落感。搭深藍色或棕色都很迷人。

shirt ⋯ **OLD NAVY**
skirt ⋯ **UNIQLO**
bag ⋯ **MASION VINCENT**
pumps ⋯ **VII XII XXX**

recommend coordinate N°05

工作褲配垂墜感罩衫增添女人味,
避免過度陽剛

卡其色本身帶有灰色,適合與灰色搭配。
工裝風格的工作褲選版型合身一點的,就
能穿得帥氣有型。

shirt ⋯ **GALLARDAGALANTE**
tank-top ⋯ **UNIQLO**
pants ⋯ **PLST**
bag ⋯ **&.NOSTALGIA**
shoes ⋯ **adidas**

牛仔褲雖然帶有強烈的休閒感，卻能自由變化、轉換風格，一不小心就多了好幾件。有了緊身牛仔褲與合身牛仔褲，搭衣服就不用愁了。若藍、白、灰各有一件，穿搭範圍就更廣了。

DENIM PANTS

[白色牛仔褲]
- white denim

一年四季皆可穿。我想多穿多洗，所以買便宜實惠的款式。春夏能醞釀清新感，秋冬能營造對比，既簡約又帥氣。與任何打扮都能有質感地融合起來。（UNIQLO）

[藍色牛仔褲]
- blue denim

帶有自然褪色感的男友風牛仔褲，能讓腿看起來立體修長。版型腰際較寬，朝褲管變細，除了穿脫方便還具有女人味。（MUJI）

[灰色牛仔褲]
- gray denim

若妳嫌藍色太普通、白色又怕髒……那就選灰色吧。灰色不只是基礎色，與任何顏色搭起來也都好看，充滿時尚感就是灰色的厲害所在。（UNIQLO）

knit ··· **ZARA**
pants ··· **UNIQLO**
bag ··· **MAISON VINCENT**
short boots ··· **Masumi**
stole ··· **Johnstons**

牛仔褲捲褲管的技巧

捲褲管是將牛仔褲穿出女人味最好最快的方法。
將腳踝露出來,裸肌感提升,整體造型會更加迷人。

根據牛仔褲的類型改變捲法!

寬鬆褲型

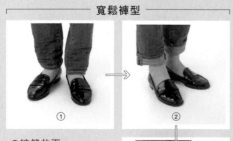

① ②

③

❶褲管放下
❷往上摺一圈
❸再隨意捲一半

POINT

不要捲太高,也不
要摺太整齊。

合身褲型

① ②

❶褲管放下
❷往上小小地摺一圈

POINT

小小摺一圈,摺到露出踝骨
的高度,比例就會很好看。

recommend coordinate N°02

率性的牛仔褲搭配黃色，
讓心情與打扮都陽光起來

淺黃色很好搭配，亞麻襯衫不論在材質還
是心情上都充滿輕鬆的度假氛圍。

shirt ⋯ UNIQLO
tank-top ⋯ UNIQLO(white), PLST(gray)
denim⋯ MUJI
bag⋯ Sans Arcidet
shoes ⋯ DANIELE LEPORI

recommend coordinate N°01

將格子襯衫繫在腰上，
打造有質感的成熟休閒風

格子襯衫常讓人覺得孩子氣，但只要控制
顏色的數量，也能很成熟。而且不必刻意
搭配包包與高跟鞋的顏色，就能營造休閒
感。

hat ⋯ Marui
knit ⋯ ZARA
denim ⋯ UNIQLO
shirt ⋯ MUJI
bag ⋯ &.NOSTALGIA
pumps ⋯ Ami Ami

ELEGANCE

用白色增加輕盈感

recommend coordinate N°04

白色牛仔褲
適合搭簡約配件

牛仔褲雖然比較休閒，但只要選白色也能
很有質感。包包花紋的黃串連了高跟鞋的
黃，產生一致性。

tops ⋯ **BEAUTY&YOUTH**

pants ⋯ **UNIQLO**

bag ⋯ **ne Quittez pas**

pumps ⋯ **enchanted**

recommend coordinate N°03

用藍色統一，
打造積極充滿活力的感覺

這套全身上下都很帥氣，建議髮型可愛一
點平衡一下。包包選白色，可增添透明感。

shirt ⋯ **UNIQLO**

cut&sew ⋯ **IENA**

denim ⋯ **MUJI**

bag ⋯ **MAISON KITSUNÉ**

shoes ⋯ **UNITED ARROWS**

recommend coordinate N°06

刷破牛仔褲搭上紅色高跟鞋，
既成熟又可愛

除了鮮豔的紅色高跟鞋，其他都是簡約的
基礎色。帶有光澤的紅能凸顯女人味。

stole ⋯ MUJI
knit ⋯ GU
bag ⋯ MAISON VINCENT
denim ⋯ UNIQLO
pumps ⋯ PRINGLE1815

recommend coordinate N°05

用粗獷的配色與亞麻襯衫，
打造率性女人味

深灰與深卡其的配色用純白托特包收束起
來。露出腳踝營造通透感，是穿出率性自
然的訣竅。

shirt ⋯ ZARA
tank-top ⋯ PLST
denim ⋯ UNIQLO
bag ⋯ MAISON KITSUNÉ
shoes ⋯ Pili Plus
sunglasses ⋯ aquagirl

西裝外套一披上，頓時充滿俐落感，是休閒打扮不可或缺的單品。而最實穿的就是棉質羅紋的西裝外套了，它可以像針織外套、連帽外套一樣輕鬆舒適地穿著，又不易起皺紋，出差或旅行帶上它準沒錯。

JACKET

[肩膀]
- shoulder

有人說西裝外套最重要的就是「肩線」，可見肩膀的影響甚鉅。要挑選肩線剛好收在肩膀邊緣的合身款，太鬆會顯得沒精神。

[領子]
- collar

領子選窄一點才有俐落帥氣感，太大的會顯老氣。

[背部]
- back

試穿時檢查背後，看看有沒有皺摺。

[材質]
- material

挑選棉質羅紋布料，就能像連帽外套一樣輕鬆休閒地穿。

[扣子]
- button

穿著時扣子基本上是解開的。若要扣扣子，通常肚臍以下的扣子不扣。

[袖子]
- sleeve

將袖子輕鬆捲起比較自然。

[長度]
- length

下襬最佳的長度是蓋住臀部一半到再往下一點的位置。

讓袖子不下滑的祕訣

1 在想反摺的位置套上顏色相近的橡皮筋（髮圈也OK）。

2 將袖子摺到橡皮筋的位置。

3 直接往上推（不要露出手肘）。

jacket ··· **PLST**
t-shirt ··· **MOUSSY**
pants ··· **PLST**
bag ··· **&.NOSTALGIA**
shoes ··· **adidas**

WHITE JACKET

加入橫條紋

recommend coordinate N°02

正式休閒都OK的白色西裝外套，
是春夏的必備單品

上衣的粉紅花紋與包包的粉紅色串連在一
起，帥氣又可愛。便宜的棉質西裝外套用
熨斗稍微燙一下，看起來就會很有質感。

jacket ⋯ UNIQLO
t-shirt ⋯ CHEAP MONDAY
bag ⋯ kate spade NEW YORK
pants ⋯ UNIQLO
sandals ⋯ Boisson Chocolat
sunglasses ⋯ aquagirl

recommend coordinate N°01

西裝外套配橫條紋，
既休閒又有質感

橫條紋配上色褲，是我最愛的套裝打扮
（笑）。色褲的燙線讓整體更俐落有型。

hat ⋯ Marui
jacket ⋯ PLST
knit ⋯ MACPHEE
pants ⋯ N.Natural Beauty Basic
shoes ⋯ UNITED ARROWS
bag ⋯ MASION KITSUNÉ

SIMPLE OOTD

CASUAL JACKET

---

recommend coordinate N°04

用明亮的綠色點綴，
營造亮點

將我最愛的駝色搭上綠色。披在肩膀上不但不突兀，還能融合出時尚感，這就是綠色的威力。

jacket ⋯ VINCE.
t-shirt ⋯ UNIQLO
knit ⋯ theory
pants ⋯ UNIQLO
bag ⋯ OTTO GATTI
shoes ⋯ Pertini

---

recommend coordinate N°03

簡約的辦公室打扮，
用白色包包增添華麗感

這身打扮不論顏色或配件都很經典。鞋子和包包的顏色刻意不統一以避免死板，再用花紋披肩為率性加分。

jacket ⋯ PLST
inner tops ⋯ UNIQLO
pants ⋯ UNIQLO
bag ⋯ IACUCCI
pumps ⋯ Ami Ami
stole ⋯ 5351 POUR LES FEMMES

JACKET OOTD

辦公室打扮

recommend coordinate N°06

深藍西裝外套與牛仔褲，
搭配高跟鞋增添女人味

以西裝外套、皮帶、高跟鞋營造優雅氛
圍，再用托特包點綴休閒感與俏皮感。

jacket ⋯ **Whim Gazette**
denim ⋯ **UNIQLO**
knit ⋯ **UNIQLO**
bag ⋯ **MAISON KITSUNÉ**
pumps ⋯ **VII XII XXX**
glasses ⋯ **JINS**

recommend coordinate N°05

用棉質羅紋西裝外套打造出色的
辦公室穿著

簡約的連身洋裝搭上經典的西裝外套也很
迷人，將披肩換成素色會更優雅。

jacket ⋯ **PLST**
one-piece ⋯ **KNOTT**
bag ⋯ **&.NOSTALGIA**
stole ⋯ **5351 POUR LES FEMMES**
pumps ⋯ **Ami Ami**

TRAD STYLE

穿出自然與率性

recommend coordinate N°08

運用深藍西裝外套打造
質感休閒風

深藍西裝外套加上運動配件，營造出成熟
的假日休閒風。我喜歡刻意不平衡的感覺。

jacket ⋯ **Whim Gazette**
t-shirt ⋯ **MOUSSY**
denim ⋯ **UNIQLO**
shirt ⋯ **MUJI**
bag ⋯ **&.NOSTALGIA**
shoes ⋯ **adidas**

recommend coordinate N°07

想體驗比較正式的
Trad Style 時

深藍西裝外套、鈕扣領襯衫加上藍色牛仔
褲，顯得帥氣雅痞。髮型可以女性化一點
來平衡一下整體的正式感。

jacket ⋯ **Whim Gazette**
shirt ⋯ **GAP**
denim ⋯ **PLST**
bag ⋯ **MUJI**
shoes ⋯ **UNITED ARROWS**
glasses ⋯ **JINS**

顏色、材質、條紋的粗細、配件，這些都會改變條紋上衣給人的
印象。總是千篇一律的穿條紋嗎？其實可能只是自我限制。條紋
上衣的多變性，一定可以讓你穿出不一樣的新鮮感（笑）。

[肩膀]
- shoulder

簡約的條紋上衣建議選
肩膀素色的款式。全部
都是條紋會比較偏中性
休閒。

[領口]
- around neck

領口大小適中，不要
選太緊、太高的領
口，會有種侷促感。
挑選較寬敞的領口穿
起來才會顯瘦。

[袖子]
- pitch

不要太寬也不要太
窄，穿著起來手臂
感覺舒適即可。

[版型]
- width

有時會將襯衫搭在裡
面，因此建議選稍微
寬鬆的版型較能多元
穿搭。

STRIPE

knit … MACPHEE
cardigan … COMME CA ISM
pants … UNIQLO
pumps … Ami Ami
bag … OTTO GATTI

條紋比較

由於是橫紋橫向擴張效果，若選擇太粗的條紋便容易顯得臃腫。
選出視覺效果佳、能為時尚加分的款式。

粗細 width

粗細不同可以
修正體型

左：視覺纖細，適合想顯瘦的人、
嬌小的人。
右：視覺豐腴，適合本身纖細的
人。與左邊的細紋相比更具休閒感。

細紋

粗紋

顏色 color

底色較深的款式，
顯瘦效果較佳

穿條紋容易顯胖的人，底色不能選
白的，要選深一點、具有收束效果
的顏色。

淺色

深色

設計 design

印象隨著設計
不同而改變

左：休閒中性的款式。
右：簡約風格。細針織款看起來會
更有質感，素色的部分能讓臉色明
亮。

全部條紋

肩膀素色

條紋上衣的穿法變化

條紋衣是經典休閒服飾，也容易與他人撞衫。
因此接下來要教妳如何用普通的條紋上衣穿出屬於自我的時尚風格！

當作西裝外套的內搭

硬挺正式的西裝外套搭上橫條紋，既休閒又獨特。

搭在襯衫外面

將襯衫的領子、袖子、下襬露出來，營造隨性休閒感。

將條紋上衣當成披肩

條紋能成為很好的點綴，既率性又自然。繫在腰上也OK！

在腰間繫上明亮色以點綴條紋

條紋衣單穿會有些單調，不如繫上彩色針織外套營造亮點。

度假風

recommend coordinate N°02

兩處用黃色點綴，
打造不輸盛夏豔陽的陽光打扮

夏日度假風。鮮豔的顏色用在兩個地方會產生「顏色發散」的效果，這裡採用的就是這個技巧。重點是從正面看，點綴色的面積要小。

hat ⋯ **arth**
tops ⋯ **Le minor**
knit ⋯ **NOMBRE IMPAIR**
pants ⋯ **UNIQLO**
bag ⋯ **MASION KITSUNÉ**
sandals ⋯ **Havaianas**

recommend coordinate N°01

配上珍珠項鍊，
讓休閒的條紋上衣變得簡約俐落

搭上垂墜感長褲與珍珠項鍊，為休閒的條紋上衣提升質感。

tops ⋯ **Le minor**
bag ⋯ **IACUCCI**
pants ⋯ **UNIQLO**
sandals ⋯ **Boisson Chocolat**
stole ⋯ **ZARA**

PEARL PLUS

MARIN

recommend coordinate N°04

條紋萬用百搭，
也適合配裙裝

深藍搭配桃紅，既成熟又可愛。這種亮麗
的桃紅配上較沉穩的顏色，就能營造質感。

tops ⋯ MACPHEE
skirt ⋯ UNIQLO
bag ⋯ kate spade NEW YORK
pumps ⋯ VII XII XXX

recommend coordinate N°03

搭配白色牛仔褲，
打造清新的海軍風

牛仔襯衫的藍不但具有層次感，還多了份
率性自然。搭配金屬色尖頭高跟鞋，頓時
走在時尚尖端。

hat ⋯ Marui
tops ⋯ MACPHEE
denim ⋯ UNIQLO
shirt ⋯ AMERICAN RAG CIE
bag ⋯ &.NOSTALGIA
pumps ⋯ Boisson Chocolat

成熟女性一定要試試看膝下長度的圓裙。裙擺會輕飄飄地隨風搖曳，能呈現出與平日不一樣的淑女氣息。

SKIRT

[搭配的上衣]
- tops

圓裙比較蓬鬆，因此外套、上衣要選較合身的款式。髮型也要盤起來，整體的視覺比例才會好。

[腰線]
- around waist

布料挺且腰部有很多皺褶的裙子，穿了容易一口氣膨脹，選購時需特別小心。

[長度]
- length

裙擺沿身體線條垂墜以及長度剛好擋住膝蓋的款式，比較適合大人。

[搭配的鞋子]
- shoes

可以配運動風帆布鞋增添休閒感，也可以搭高跟鞋提升時尚感。春夏搭能撐住裙子份量的楔型鞋也很好看。

裙長不同也會產生不同的印象

1
1
年輕

1
2
成熟
優雅

shirt … GAP
skirt … MACPHEE
sandal … ADAM ET ROPÉ
bag … RODE SKO

加入
牛仔外套

DENIM JACKET

recommend coordinate N°02

再休閒的打扮只要有白色圓裙，
也能穿出質感

若年過三十，甜美的白色圓裙就要穿得成
熟一點。這種混搭風也只有大人才能駕馭。

denim shirt ⋯ AMERICAN RAG CIE
skirt ⋯ Whim Gazette
bag ⋯ ne Quittez pas
shoes ⋯ adidas

recommend coordinate N°01

輕飄飄的甜美圓裙用牛仔外套
增添休閒感

甜美帥氣混搭風的經典打扮。搭配手錶、包
包、涼鞋增添正式感。裙子的顏色與牛仔外
套的復古色澤串連起來，產生了一致性。

denim jacket ⋯ YANÜK
inner tops ⋯ UNIQLO
skirt ⋯ NATURAL BEAUTY BASIC
bag ⋯ MASION VINCENT
sandals ⋯ ADOM ET ROPÉ

recommend coordinate N°04

加入黑色，
帶有雍容華貴感的夏日休閒打扮

用藤編包與涼鞋的色彩營造質感，配上經典帥氣的紳士帽更顯與眾不同。

tops ⋯ UNIQLO
skirt ⋯ MACPHEE
bag ⋯ Sans Arcidet
sandals ⋯ ADAM ET ROPÉ
hat ⋯ Marui

recommend coordinate N°03

用水藍與卡其的配色
穿出溫柔的自信！

水藍與卡其是我最愛的配色。但這種配色容易灰濛濛的，所以要用白色配件收束，才有精神。

knit ⋯ martinique
skirt ⋯ MACPHEE
bag ⋯ IACUCCI
pumps ⋯ Ami Ami
sun glasses ⋯ aquagirl
stole ⋯ 5351 POUR LES FEMMES

FEMININE

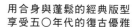

recommend coordinate N°06

白色、深藍、紅色的三色搭法，
成熟自然又可愛

紅色常令人感到難以駕馭，但只要搭配沉
穩色調，也能穿出迷人魅力。

tops ⋯ Le minor
skirt ⋯ UNIQLO
bag ⋯ RODE SKO
sandals ⋯ Boisson Chocolat

recommend coordinate N°05

用合身與蓬鬆的經典版型
享受五〇年代的復古優雅

對我而言，黑色高領上衣是古典優雅的代
名詞。配上太陽眼鏡，控制顏色數量，既
成熟又有韻味。

knit ⋯ UNIQLO(INES)
skirt ⋯ Whim Gazette
bag ⋯ RODE SKO
pumps ⋯ carino
sunglasses ⋯ aquagirl

搭配
太陽眼鏡

豹紋要用在小配件

KHAKI SKIRT

recommend coordinate N°08

溫柔優雅的打扮用動物紋
增添不同風情

花紋配件可以選擇小尺寸的包包,才不會
太俗氣。豹紋與卡其是非常經典的搭配。

knit ⋯ **GU**
skirt ⋯ **MACPHEE**
bag ⋯ **IACUCCI**
booties ⋯ **Daniella & GEMMA**

recommend coordinate N°07

同色系的襯衫配上裙子,
營造優雅氛圍

將男性化的藍色襯衫穿出女人味。襯衫下
襬全部紮進去,讓腰線俐落清爽。

shirt ⋯ **UNIQLO**
skirt ⋯ **UNIQLO**
bag ⋯ **IACUCCI**
pumps ⋯ **VII XII XXX**
sunglasses ⋯ **aquagirl**

針織外套的感覺會隨顏色、版型、毛線的粗細及材質而變。她可以當外套、當內搭，甚至當披肩或繫在腰上，百搭的實穿性是針織外套的魅力所在。

[顏色]

- color

針織外套披在肩上或繫在腰上時，可以當成點綴色，連這麼鮮豔的顏色都能使用，是針織外套最大的優點之一。

CARDIGAN

[V 領]

- v neck

V領可以醞釀休閒輕鬆的氛圍。

[版型]

- size

不要太寬鬆或太貼身，挑選裡面還可加一件薄衫的寬鬆度最佳。

[圓領]

- crew neck

圓領能增添女人味，打造溫柔可人的形象。

針織衫領口的各種變化。搭配經典飾品,既自然又時尚。
除了這些搭配,也可以自由改造出屬於自己的風格。

加上珍珠項鍊,優雅又迷人。褲子或裙
子建議穿隨性、休閒一點來平衡。

內搭襯衫,但領口刻意不露出來。屬於較
男性化的打扮。

繫上絲巾增添淑女韻味。

內搭襯衫率性地解開扣子,帥氣又有女人味。

毛線的粗細與織紋的密度也會改變印象!

粗針織衫

(毛線較粗、密度偏鬆、料子較厚。
給人隨性、休閒、輕鬆的印象。)

細針織衫

(毛線較細、織紋緊密、料子偏薄。
給人優雅、高貴的印象。)

帥氣風

GOOD LOOKING

BASIC COLOR

recommend coordinate N°02

以簡約打扮為基礎，
加入一件流行單品

以基礎色統一的簡約打扮。配上流行的水桶包，凸顯自我風格。

cardigan ··· **UNIQLO**
inner tops ··· **UNIQLO**
denim ··· **UNIQLO**
bag ··· **MASION VINCENT**
pumps ··· **VII XII XXX**

recommend coordinate N°01

披上粗針織的 V 領外套，
打造慵懶女人味

色彩鮮豔的包包，為經典的深藍色打扮帶來新鮮感。想襯托某個顏色時，其他顏色不妨簡單一點，比較容易搭配。

cardigan ··· **UNIQLO**
shirt ··· **THOMAS MASON for ROPÉ**
pants ··· **PLST**
bag ··· **PotioR**
pumps ··· **VII XII XXX**

PINK CODE

用粉紅
當亮點

recommend coordinate N°04

深色的大衣與長褲
用粉紅色針織外套當作點綴

萬用的針織外套還可以內搭當點綴色。裡
頭配了襯衫，休閒又不失正式。

coat … COS
cardigan … UNIQLO
shirt … MUJI
denim … UNIQLO
bag … MAISON KITSUNÉ
shoes … adidas

recommend coordinate N°03

工作褲搭灰色針織外套，
營造溫柔沉穩印象

想將樸實的工作褲穿出女人味，配高跟鞋
最合適。我很喜歡這種帥氣中透著女人味
的打扮。用灰色點綴，產生一致性。

cardigan … UNIQLO
inner tops … UNIQLO
pants … PLST
stole … 5351 POUR LES FEMMES
bag … &.NOSTALGIA
pumps … Ami Ami

對我而言，風衣是經典又特別的外套，只要一披上，整個人就會變得挺拔自信，讓心情跟著變美麗。可是挑選風衣非常考驗眼光，事實上我過去就失敗了好幾次。建議先買一件必備的卡其款，第二件再買深藍色，這樣不但好搭配，也不像黑色那麼嚴肅。

基本的

【風衣】

[領子]
- collar

選挺一點的款式，試穿時要檢查領子是否立得起來。在意身高的人，選領子小一點的，視覺比例較好。

[顏色]
- color

深一點的駝色比較成熟。

[肩章]
- shoulder strap

中性帥氣感。適合肩膀較窄或斜肩的人，有些款式沒有肩章。

[材質]
- material

每個人適合的布料、硬挺度不盡相同。防潑水的風衣不只不怕雨淋，還能抗汙。

[內裡]
- liner

春天的風衣大多是輕薄內裡，若有可拆式鋪棉內裡的款式，實穿度會大幅提升，可以從秋天一路穿到春天。建議選購秋冬上市的風衣。

[袖子]
- sleeve

袖子大致可分為落肩與合肩兩種。落肩款是順著肩線落下的，具有修飾寬肩的效果。

[扣子]
- button

選擇深色的黑鈕扣，能產生收束的效果。

[長度]
- length

建議選蓋住膝蓋的長度。在意身高的人要避免買太長的款式，選短一點的比例較好。

TRENCH COAT

trench coat ⋯ **&.NOSTALGIA**

knit ⋯ **UNIQLO**

skirt ⋯ **UNIQLO**

bag ⋯ **IACUCCI**

pumps ⋯ **PRINGLE1815**

將風衣穿出女人味的技巧

風衣原是男性服飾，規規矩矩地穿容易太死板。
穿得隨性一點，就能搖身一變，成為時尚單品。

OK!

CHECK POINT
Button
〔鈕扣〕鈕扣全部解開，
拉出直向線條，讓風衣
裡的內搭稍微露出來。

CHECK POINT
Sleeve
〔袖帶〕袖口反摺，把
內搭露出來，再將袖子
往上推。

NG...

穿得太正式，只會顯現
一成不變、死板板的印
象。

CHECK POINT
Belt
〔腰帶〕在側邊打結，
綁出腰線凸顯女人味。
隨性一點打單結就好。

CHECK POINT
hem
〔下襬〕若裡頭穿裙子，
要讓裙襬從下襬露出來，
長度最好控制在5～6公
分以內，視覺比例才會好。

在後腰打蝴蝶結的方法

把腰帶拉緊，打出漂亮的蝴蝶結，腰線也變漂亮！

將有扣環的那側拉短一點並交叉在下方。

將尾端（沒扣環的那側）從腰帶下繞過（這樣就不會鬆鬆地垂下來）。

穿過後，把尾端直接往左邊拉。

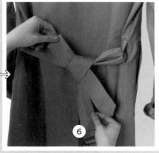

將尾端穿過結的下方，朝右下拉。

將右下方的尾端對摺，頂端穿過結的圈圈。

將對摺的部分與扣環拉緊，調整形狀後就完成了。

腰帶不綁起來，改塞進兩邊的口袋，可以營造休閒感。

若要買第二件，建議選深藍色。可以露出一點白色增添通透感。

增添休閒感

recommend coordinate N°02

**將風衣穿出休閒感，
搭配連帽外套更率性**

風衣搭配牛仔褲穿出慵懶休閒感，再以簡
約的黑色樂福鞋優雅地收束起來。重點在
於用白色點綴，增添輕盈感。

trench coat ⋯ **&.NOSTALGIA**

parka ⋯ **UNIQLO**

t-shirt ⋯ **MOUSSY**

denim ⋯ **MUJI**

bag ⋯ **MUJI**

glasses ⋯ **JINS**

shoes ⋯ **UNITED ARROWS**

recommend coordinate N°01

**搭配風衣統一色調，
再用深綠色打造優雅時尚感**

綠色搭駝色非常迷人。整體以駝色統一，
再用綠色點綴，打造成熟優雅的休閒風。

trench coat ⋯ **&.NOSTALGIA**

knit ⋯ **UNIQLO**

pants ⋯ **GAP**

bag ⋯ **MASION VINCENT**

stole ⋯ **5351 POUR LES FEMMES**

pumps ⋯ **BOUTIQUE OSAKI**

穿出甜美氣息

recommend coordinate N°04	*recommend coordinate* N°03

將襯衫領子從風衣裡露出來，
打造成熟可愛的淑女裙裝

用成熟優雅的駝 X 水藍 X 白的配色，
凸顯風衣魅力

休閒、正式都好看的風衣，搭可愛風也沒問題。最後用托特包平衡一下風格。

整體色調偏淡，所以用太陽眼鏡收束。風衣的黑色鈕扣也有相同的效果。

trench coat ··· **&.NOSTALGIA**
shirt ··· **UNIQLO**
knit ··· **ZARA**
skirt ··· **Ballsey**
tights ··· **3COINS**
bag ··· **MAISON KITSUNÉ**
shoes ··· **SEPTEMBER MOON(BEAMS)**

trench coat ··· **&.NOSTALGIA**
knit ··· **martinique**
pants ··· **UNIQLO**
bag ··· **IACUCCI**
pumps ··· **Boisson Chocolat**
sunglasses ··· **aquagirl**

孩童穿搭

我家有一對就讀國小的龍鳳胎。一男一女自然無法穿同樣的衣服,但可以在顏色、花紋上搭配,讓孩子出遊時產生一致性。ZARA、UNIQLO、H&M 都有賣不少童裝。

NAVY

YELLOW

CHECK

CHECK

Kids Shoes
[鞋子]

鞋子分成上學、玩耍以及外出的款式。上學、玩耍的鞋子重視機能,外出的鞋子則比較正式。

[上學、玩耍]

選輕巧、鞋底不會太硬、有彈性的款式。(adidas)

[外出用]

深藍、灰色的衣服居多,所以選容易搭配的基本色。外出用的鞋子以 ZARA 居多。

Chapter 03

COLOR
& GOODS
顏色與配件的法則

———

衣櫥小小的也 OK ！

用配色＋配件，打造獨特風格

about **INSERT COLOR**

時尚的奧妙在於點綴色的搭配！

搭配基礎色的點綴色，原則上全身只能有一色一件。

想用顏色穿出個性、穿出自我，

不妨先從鞋子、包包或是披肩等這類面積較小的配件著手。

鮮豔的顏色從高
跟鞋開始

用黃色包包
增添明亮感

黃色可以
搭基礎色

[insert color]

YELLOW
[黃色]

黃色是快樂的顏色，具有清新
亮麗感，能讓心情與氣氛都愉
快起來。

穿搭時可以按照季節改變色調，
例如春夏用鮮豔的檸檬黃，秋
冬用沉穩的芥末黃。黃色與駝
色是同色系，搭起來會很好看。

● ● ●

[insert color]

RED

[紅色]

紅色雖不好駕馭，若只要調整好比例，也能醞釀出優雅女人味。

搭配漆皮的尖頭高跟鞋，迷人又帥氣！

○ ● ●

[insert color]

GREEN

[綠色]

綠色不挑人穿、不會太鮮豔，卻很亮眼，是萬用百搭色。

這是大自然的顏色，與任何顏色都能調和，是我非常推薦的點綴色。

春夏可以搭明亮清新的青草綠，秋冬可以搭深沉一點的綠色。

● ● ●

[insert color]

BLUE
[藍色]

藍色清爽容易搭配，但在視
覺上容易冷冰冰的，所以建
議搭棕色平衡一下。

深藍色的褲子也可以當牛仔
褲來搭配。

● ● ●

[insert color]

PINK
[粉紅色]

粉紅色本身就很甜美了，因
此在造型、材質、配件上要
小心別可愛過頭。穿得俐落、
帥氣一點剛剛好。

實用！配色圖鑑

時尚的人配色往往也很有品味。
我將容易與基礎色搭配的色彩組合實際重現如下，
希望能幫助大家在穿搭上靈感源源不絕。

GRAY STYLE

灰色

灰色是百搭色，配任何顏色都好看，即使
是全身灰也很有質感。不過有些搭配會顯
得霧霧的沒有精神，若能善用較銳利的顏
色來收束會更迷人。

粉紅搭灰色
是絕配

Green × Gray

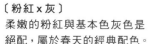

Pink × Gray

Blue × Gray

〔粉紅 x 灰〕
柔嫩的粉紅與基本色灰色是
絕配，屬於春天的經典配色。

〔灰色 x 墨綠〕
墨綠看似不易搭配，但裡頭
含有灰色調，能與灰色牛仔
褲完美調和。

〔灰色 x 淺藍〕
灰色能襯托出淺藍的亮度，
給人知性的印象。

深藍

深藍有各種不同的色調，不像黑色那麼黯重，與亞洲人的膚色又很相襯，還能將任何顏色都烘托得很有質感，是非常萬用的顏色。

Navy × Green

令人精神奕奕的配色

復古的氣氛

Navy × Beige

Navy × Yellow

〔深藍 x 駝色〕
長春藤學院風的配色。也可以全身穿深藍色，配件用駝色點綴。

〔深藍 x 綠色〕
復古又知性的配色。深藍與任何色調的綠都能調和。

〔深藍 x 黃色〕
顏色與色調都是對比色。明暗差異大，能互相襯托。

卡其色

與任何顏色都能搭配，一年四季皆可穿的萬用色。雖然有很強烈的軍裝感，但也能透過配色醞釀成熟氣息。

White × Khaki

Pink × Khaki

率性感 UP！

Gray × Khaki

有氣質

Navy × Khaki

Blue × Khaki

〔卡其 x 粉紅〕
粗糙的卡其色配上淡淡的粉紅，頓時有種輕飄飄的溫柔感。

〔卡其 x 藍色〕
亮藍給人清爽的印象。配色雖男性化，卻透著一股女人味。

〔卡其 x 白色〕
與白色搭配，營造清新感。卡其襯衫搭白色牛仔褲也很好看。

〔卡其 x 深藍〕
雖成熟卻有些太重，最好再加一點亮色來平衡。

〔卡其 x 灰色〕
穿出自然率性的經典配色，我也常上下顛倒搭配。

黑色

能將搭配的顏色強烈地襯托出來，是配色的好幫手。用在局部可以收束整體造型，即使是便宜單品也能很有質感。

成熟又可愛

Black × Pink

Black × Blue

Black × Khaki

〔黑色 x 藍色〕
我私心認為最能襯托出寶藍色的顏色非黑色莫屬了。

〔黑色 x 粉紅〕
年過三十後，粉紅就不能穿得太可愛，用溫柔的淺粉搭配帥氣的黑。

〔黑色 x 卡其〕
雖帥氣但色調偏暗，因此要適度露出肌膚，增添通透感。

用駝色增添女人味

Yellow × Beige

Gray × Beige

Blue × Beige

駝色

駝色與任何顏色都能搭配，能優雅地襯托出女人味，但駝色也有很多種色調，有的偏灰，有的偏紅，因此有些人會覺得不易挑選。多方嘗試，找出適合自己的駝色調。

〔駝色 x 黃色〕
就連乍看不易搭配的黃色，與經典的駝色都能搭出成熟優雅感。因為同色系，還能產生一致性。

〔駝色 x 灰色〕
兩者都是基本色，搭在一起雖然經典，但也容易灰濛濛的。建議加入一種比較搶眼的顏色來收束。

〔駝色 x 藍色〕
色調相近，給人和諧、統一的印象。含駝色在內的棕色系與藍色系搭起來特別好看。

飾品及手錶的推薦搭法

人的視線會集中在手上。手環、手鍊、手錶的組合千變萬化，
依照當天的心情自由發揮創意吧！

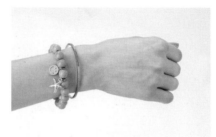

① 統一色調

即使材質不同，也能透過顏色產生一致性。也可以搭銀色、白色或黑色。

② 混搭點綴色

用綠松石當手上的點綴色，既時尚又好搭。

③ 混搭不同材質

皮革錶帶與鎖鍊的組合，想俐落帥氣時就能這麼搭配。

④ 混搭金色與銀色

刻意挑金色系與銀色系混搭，別有一番風味。

⑤ 混搭大小

手錶搭配纖細的手鍊，想凸顯女人味時就能這麼配戴。

⑥ 串珠手鍊

錶面較大的手錶搭配串珠手鍊，為手腕增添份量感。

手錶就是飾品的一種

我雖沒有昂貴的手錶，但從男性化的大錶到女性化的小錶，款式一應俱全。不銹鋼錶也很好搭配。

01: TiCTAC 02: NO BRAND 03: THE GINZA 04: SWISS MILITARY

推薦的珍珠項鍊戴法

不只正式場合能戴！也能用來平衡休閒打扮

珍珠項鍊能讓休閒打扮產生優雅印象，
這意外的組合既時尚又有魅力。

條紋衫　　　　　印花 T 恤　　　　　牛仔襯衫

長鍊的效果

before　　　　after

與 V 字領相比，高領上衣容易給人脖子短、胸前空蕩蕩的印象，此時只要戴上長項鍊，問題就迎刃而解了。

配戴戒指

在不同的手指或同一支手指上多戴幾個細緻的戒指，就會充滿流行感。

繫皮帶是有技巧的！

皮帶只要有黑、白色系就OK，若要購入第三條可以選棕色，搭起來很方便。
繫皮帶能將整體造型收束起來，還能增加正式感。

POINT! 皮帶的繫法分為**調和色調**以及作為點綴**營造亮點**兩種。
調和色調能烘托出成熟優雅的感覺，**營造亮點**能打造休閒、充滿活力的印象。

營造亮點

調和色調

營造亮點

繫在連身洋裝或外套上，有修飾身形
的效果。

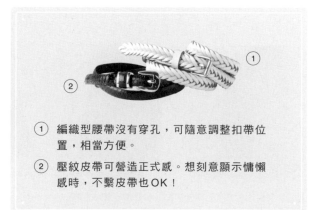

① 編織型腰帶沒有穿孔，可隨意調整扣帶位
置，相當方便。

② 壓紋皮帶可營造正式感。想刻意顯示慵懶
感時，不繫皮帶也OK！

用太陽眼鏡或眼鏡當作亮點

太陽眼鏡除了能保護眼睛免受紫外線侵襲，還能收束造型，為時尚加分。
挑戰看看流行性高的太陽眼鏡吧！

太陽眼鏡

Not Good...

黑色容易太嚴肅，所以我
蒐集的大多是棕色太陽眼
鏡。（aquagirl）

鏡面太大太透明，
有點恐怖。

一戴上便能收束整體造型，最適合遮掩
素顏（笑）。

太陽眼鏡不僅僅是配件，掛在胸前更是
一大亮點。不好意思配戴的人，不妨從
掛胸前開始。

眼鏡

眼鏡可以當作飾品來配戴，只要善用眼鏡，就
能呈現出不同的打扮與印象。我最愛的是棕色
玳瑁眼鏡，這副很好搭配，怎麼戴都迷人。
（JINS）

瞄準選品店！我心愛的包包們

02
OTTO GATTI

屬於硬挺、偏正式的
包包，跟深藍色是絕
配。（IENA）

01
LORENS

PVC 材質的鍊包很特
別，我一直在注意她，
最後趁特價時買下。雨
天超級實用！
（Spick and Span）

MY
FAVORITE
BAGS!!

03
PotioR

為了黃色的點綴色而購
買。機能與設計平衡得
恰到好處，是日
系品牌。
（ESTNA TION）

04
ne Quittez Pas

東方風格的紋路與溫暖的質
地，令我一見傾心。雖然是
印度品牌，但設
計師是日本人。
（NOLLEY'S）

包包是我覺得花錢可以不手軟的配件。但若真買名牌,又太昂貴了。
對我來說,選品店的包包剛剛好,有很大的機會能以實惠的價格,
買到老闆精挑細選、引自國外老字號包包廠牌的商品,
商品不但有一定水準,還不易與人撞包,折扣期間更好買。

06
MASION KITSUNE

休閒風的包包,能平衡嚴肅正式的打扮。黑色印花可以收束整體造型,是非常實用的包款。(購自網路上的選品店)

05
IACUCCI

將動物紋路用在包包、鞋子等配件上,就能不經意地為造型增添鮮明個性。我在特價時正好買下這個豹紋包包,實在太幸運了。
(IENA)

07
IACUCCI

第一眼在雜誌上看到就喜歡的不得了,出自義大利老字號包包廠牌,價格卻很實惠。
(aquagirl)

09
MAISON VINCENT

與任何顏色都百搭的萬用包款。有兩種背法,搭配起來更具變化。由幫名牌包代工的工廠生產,是物美價廉的義大利包包品牌。
(Spick and Span Noble)

08
Sans Arcidet

用馬達加斯加產的拉菲草製作的簡約草編包。帶有手織獨特的溫度,怎麼看都不膩。法國品牌,由一對在馬達加斯加長大的姊妹花創立。
(UNITED ARROWS)

「冬天的鞋子該怎麼搭？」問題集錦

鞋子與褲子該用什麼顏色與材質來搭配才好？
冬天是可以享受各種穿搭造型的季節，
多了褲襪可以變化造型，更能創造穿搭的樂趣。

[搭褲子時]

條紋襪＋帆布鞋

男友風牛仔褲搭配橫條紋襪子，顯得有些俏皮。橫條紋襪子是在日本平價商店3coins買的，是我很常穿的襪子。

正式九分褲＋高跟鞋

素色的黑絲襪顯得很正式，出席家長會或正式場合時我就會這麼穿。

平底鞋＋厚螺紋襪

黑襪太普通了，推薦螺紋布料的灰襪。記得挑選能將褲子與鞋子調和在一起的顏色。

刻意露出腳踝！

身邊很多人叫我別這麼穿，但我就是戒不掉。愛漂亮就是要堅持（笑）！（裡頭有穿隱形襪）

高筒帆布鞋

棕色短靴

鞋子比較厚重，因此要稍微露出腳踝的肌膚增添通透感，比例才會好。

[搭裙子時]

可愛的打扮配牛津鞋

高跟鞋＋襪子

偏可愛的打扮就用帥氣的皮鞋增添成熟感。褲襪不選黑色而是鐵灰色更顯別緻。

每年我至少會穿一次這樣的打扮，但從年齡來看實在太甜美了，所以我會刻意選比較冷豔的顏色。一年四季皆可搭配，不限於冬季。

帆布鞋＋褲襪

靴子與褲襪

休閒的打扮配上刷毛褲襪。帆布鞋裡加了鞋墊（→參考P30），能拉長身形。

雨天也能穿出好心情 ♡

雨天常令人猶豫不決該穿什麼,心情也跟著憂鬱了起來。
這時就用能讓心情變好的配件,享受雨天吧♪

| 黃色麻料襯衫 | 雨衣 | 格子襯衫 |
| 十 條紋傘 | 十 駝色傘 | 十 粉紅傘 |

麻料襯衫具有獨特的冰涼觸感,適合在黏膩的夏天穿,也適合潮濕的梅雨季。選擇明亮的襯衫,不但氣色好,心情也會好!再用幾項白色的配件點綴,增添清新感。

大雨滂沱的日子,就靠雨衣和雨靴做好萬全準備。白褲子塞進雨靴裡,便不必擔心被泥巴弄髒。穿上最愛的風衣型雨衣,心情也跟著飛揚起來。

黑白兩色的格子襯衫即使被雨淋濕了也不明顯,針織布材質的裙子則不必擔心皺紋。搭配漂亮的粉紅傘,讓憂鬱的心情煙消雲散。

雨天愛用的配件

rainy goods _ 1

[三把愛傘]

傘也是打扮的一部分，我會搭配當天的服裝來挑選。共有條紋傘、粉紅傘，以及和任何顏色都好搭的駝色傘，總共三把。

rainy goods _ 2

[附口袋的雨衣]

有口袋很方便。風衣造型深得我心，深藍色也不易弄髒。

雨天要特別小心的服飾

· 被雨淋濕後顏色會變深的上衣（灰色或水藍色等等）
· 會透的襯衫或罩衫（被雨淋濕就會更透明，不好看）
· 絲質或嫘縈材質的服飾（怕水的布料）
· 皮革製品（容易變質、產生雨斑）

rainy goods _ 3

[折疊傘]

晴雨兩用，一年四季都能派上用場。微微的海軍風百看不膩。

rainy goods _ 4

[麻料襯衫]

麻料不必擔心皺褶，且吸濕快乾，是非常實穿的材質，特別適合濕答答的梅雨季。

rainy goods _ 5

[雨靴]

我選了棕色雨靴，以便與任何服裝搭配。長靴很實用，長褲也能塞進去。

rainy goods _ 6

[合成皮包包]

真皮包、布包怕雨，合成皮包不怕雨，能在雨天安心帶出門。若淋濕了別忘了要好好晾乾。

rainy goods _ 7

[PVC材質包]

我是為雨天買的，結果平常也很常背。我喜歡它那股透明、清涼的感覺。

rainy goods _ 8

[防水噴霧]

具有防水、防汙等效果，不止真皮、麂皮、合成皮，連帆布包都適用。

一年四季都需要 預防紫外線的對策

光是照射僅僅數秒，恐怖的紫外線就會深入肌膚，導致肌膚老化。我相信再多的皮膚保養，都不如先做好防曬、避開紫外線來得重要。UV防曬乳我習慣挑質地清爽、對肌膚負擔較輕的款式。

別忘了陽傘！

1：防曬長手套

夏天外出時、騎腳踏車時、開車時，一年四季我都會戴。（購自百元商店）

2：防曬噴霧

夏天外出時必備，主要用在臉部。直接噴在妝容上就行，非常方便。（紫外線預報UV噴霧 SPF 50 PA++++ 身體‧臉部用 石澤研究所）

3：防曬乳液

美魔女君島十和子推出的自有品牌。能阻擋強烈的紫外線，對肌膚溫和，還能保濕，從多年前我就一直回購。（防曬乳液FTC UV PERFECT CREAM PREMIUM 50 50g / SPF 50 PA++++ Felice Towako）

4：防曬凝露

隨身攜帶，外出時視情況使用。（紫外線預報UV凝露 SPF 30 PA+++ 身體用 石澤研究所）

5：按壓式凝露

短暫外出時使用，質地溫和孩子也能用。按壓式單手就能操作，相當方便。（紫外線預報 UV凝露 SPF 30 PA+++ 臉部‧身體用 石澤研究所）

6：披肩

盛夏時避免頸部、胸口曬傷。（ZARA）

Chapter 04

HOW TO SELECT

聰明選購法

———

從試穿重點到聰明購物法，

統統教給妳！

實況轉播！

襯衫試穿！

試穿時該檢查哪些地方

明明試穿過才買，實際穿上卻差強人意……妳是否有過這樣的經驗呢？我常聽有人說，襯衫因為是基本款，有各種不同的材質與版型，反而不知道該怎麼挑選。既然如此，就掌握重點，好好試穿吧！

試穿報告
GO！

1　先確認材質
- Check the Material.

看看布料挺不挺、有沒有光澤，是否容易產生皺紋。想要俐落帥氣，可以選硬挺的布料，想要女性化可以選有垂墜感的布料，想要休閒感可以選有透明感的麻料材質。

2　檢查肩線與胸寬
- Check the Shoulder Line.

接著來檢查肩線是否立得起來。襯衫基本上要穿合身款，肩膀合是很重要的，有些流行款會設計成落肩，版型也比較寬，看起來會年輕時尚一點。

3　扣子全部扣上
- Check the Button.

頸部太緊看起來會很憋，要特別小心。另外，就算扣子全部扣得起來，也要檢查是否產生過多的皺褶。

4 解開2～3顆鈕扣
- Check the Neck Line.

檢查V領敞開的程度、版型,與臉型、頸部的長度比例是否恰當。看看穿起來自然與否,確認整體印象。

5 檢查領子
- Check the Collar.

檢查領子立起來的狀態。看看領子的形狀、大小、設計、敞開的程度是否喜歡。有些材質若領子設計得不好,就會不夠體面。

6 看看袖子是否好捲
- Check the Arm Line.

我通常會把袖子捲起來穿,因此是否好捲遠比想像中重要。將袖子捲起來動動手臂,看看會不會卡卡的。

7 背後也不能疏忽
- Check the Back Style

最後!絕對不能忽略大家都會看到的背影。仔細檢查下襬的長度是否能蓋住臀部,以及背面的版型是否合身。

CP 值超高！

物超所值的便宜服飾這樣挑！

買便宜服飾時建議選低調奢華的黑色、鐵灰色、深藍色。盡量選深色，衣服的質感會比較好。
另外白色也不錯，白色清新自然，也能增添華麗感。

shirt … MUJI
skirt … UNIQLO
pumps … VII XII XXX

POINT 1　粉彩色系等明亮的淺色以及輕薄的布料，容易將質感不論好壞如實呈現，因此挑選時要特別小心。

POINT 2　便宜服飾最好以正式的打扮來統合。訣竅在於搭配一兩件正式的單品、讓全身不要鬆垮垮的。例如服裝若上下都休閒，那鞋子就不能太休閒，而要配高跟鞋。

看起來有質感的單品一覽

白色及深色系（如黑色），價格最不易穿幫！

1 ［UNIQLO針織外套］

深藍色

2 ［GAP襯衫］

深藍色

3 ［GU外套］

鐵灰色

4 ［UNIQLO坦克背心］

黑色

5 ［UNIQLO圓裙］

深藍色

6 ［UNIQLO窄裙］

黑色

7 ［GU毛衣］

米白色

8 ［UNIQLO牛仔褲］

白色

9 ［無印良品襯衫］

白色

超有用！

快時尚活用術

（本篇內容為 2019 年 3 月的資訊，實際情形依各品牌公告內容為主。）

ALL UNIQLO!

1　UNIQLO

有各式物超所值的機能內搭衣、優質的經典休閒款，以及期間限定優惠價和知名設計師聯名款，是不容錯過的國民品牌。旗艦店與大型店面的限定商品庫存稀少，最好抓緊時間上網搶購。

☑ 實體店鋪、網路商店每周都有新品上架。
☑ 實體店鋪於購買日起算三十日內可至原購買門市進行退貨（需出示相關單據）。
☑ UNIQLO 的褲子確認購買後可修改褲管長度。
☑ 不定時舉辦 Mobile 會員限定的特別價格優惠券。

2　GU

商品從基本款到最新的流行款應有盡有，外套定價也很便宜，基本上不會超過台幣 2000 元，能用尋寶的心情在這裡挖寶。GU 已經擺脫了「UNIQLO 支線品牌」的刻板印象，發展出獨特的風格與品牌形象並且迅速成長。官方網站上還有各種時尚的實際穿搭提案，值得瀏覽一番。

☑ 實體店鋪、網路商店每周一新品登場。
☑ 毛衣、針織類有許多不錯的款式，可以仔細找找看。
☑ 褲襪、防滑隱形襪、居家服也都賣很好。

3　PLST（日本）

服飾選品店。店裡有許多造型簡約又融入恰到好處流行感的原創商品，以及充滿質感的進口商品。多數商品都能在家中自行清洗，也是這家店吸引人的地方，店裡也有賣很多親膚舒適的連身洋裝。

☑ 款式眾多，從正式的長褲到牛仔褲、工作褲應有盡有，版型具有修飾性，評價高。
☑ 顏色豐富又耐清洗的螺紋坦克背心最有名。
☑ 可善用網路商店。
　 賣完的商品再進貨時會以電子郵件通知，相當方便。
　 昂貴的進口商品可以趁特價時購買。

現在即使用低價，也能買到材質、車工都很好的商品。這裡舉出的都是我常光顧的店，品項眾多是它們的共通點。若想有效率地購物，不妨上網先確認有哪些新款及折扣資訊，再到店裡去。

4　ZARA

與其他快時尚連鎖店相比價格稍高，但網羅的都是歐洲乃至全世界的最新流行服飾。有些商品賣完便不進貨，若有喜歡的一定要及早購買。

- ☑ 每個副牌都有鎖定的特定族群，我最推薦以經典款為主並融入適度流行感的「ZARA BASIC」。若想買便宜商品，可以到以年輕人為取向、風格休閒、定價較低的「TRF」找找。
- ☑ 也推薦在網路商店購物！
  滿額免運費，退換貨也免費，網路商店買的商品還可以到實體店面退貨，非常方便。
- ☑ 大部分的實體店鋪與網路商店都是每周上架新品兩次，固定在星期一與星期四。
- ☑ 披肩、包包、飾品等配件不容錯過。

5　無印良品
　- MUJI

顏色簡單樸實，呈現出布料本身的色澤與質感，且重視機能性與舒適度，這種不花俏的簡約設計相當迷人。

- ☑ 使用MUJI passport手機APP查詢商品可顯示各店面庫存情形，方便至店面選購。
- ☑ 披肩、圍巾的花紋、顏色款式豐富，物超所值。
- ☑ 造型簡約，因此最好在配件及髮型上下功夫，才能將無印商品穿出自我風格。

NET SHOP　ZOZOTOWN

官網不但網羅了眾多當紅品牌，還能依顏色、版型、長度分類搜尋，可集中火力找出喜愛的款式，掌握時下流行趨勢，我也因此成了官網的常客。台灣讀者可透過ZOZOTOWN官方授權代購網站Buyee享受同樣的購物樂趣。

網路商店的注意事項

試穿時切勿破壞商品，以免試穿之後不合適需要退貨。

- ☑ 試穿結束前不要剪下吊牌。
- ☑ 在室內試穿。
- ☑ 不要弄髒、不要拉扯、不要沾上味道。
- ☑ 若要試穿鞋子，記得穿襪子。
- ☑ 不要下水清洗。

各類單品的推薦品牌

牛仔褲 1
ZARA

ZARA 的破洞牛仔褲款式豐富，選有襯布的就不必擔心洞口愈破愈大。

牛仔褲 2
UNIQLO

白色牛仔褲建議選 UNIQLO。不但布料厚度適中、不透膚，壽命也長。弄髒了用力洗也不心疼。

牛仔褲 3
PLST

賣最好的緊身版型混了萊賽爾材質，柔軟舒適得不像牛仔褲。不曉得該穿什麼時，我總會不知不覺拿起這件。

西裝褲 1
UNIQLO

有做皮帶環，加上有燙線，看起來相當正式。即使是白色款也不透膚，是物美價廉的優質商品。

西裝褲 2
N.Natural Beauty Basic

尋找正式褲裝時我一定會來這家店挖寶，恰到好處的時尚感與物美價廉的品質都很吸引人。

工作褲
PLST

想要找具有修飾效果的工作褲，絕不能錯過 PLST。這款工作褲從口袋位置到修身版型，全都經過精心設計，雖然是工業風，卻能穿出女人味。

包包 1

ZARA

包包 2

RODE SKO

ZARA 的包包款式豐富,很多都能用在宴會上,搭起來很方便。除了手拿包以外,也有適合上班族及媽媽用的包包,值得好好挖寶。

平價品牌 URBAN RESEARCH 的原創包鞋品牌。造型簡約、耐看,平常也能背出門,是萬用百搭款。

圍巾 1

ZARA

圍巾 2

MUJI

從簡約款到印花款、針織款、毛皮款應有盡有,約台幣 1000 元就能買到。

簡約親膚是 MUJI 圍巾的魅力所在。尤其經典的格子紋每年都會推陳出新,季節一到就能創造個人的格紋時尚。

飾品 1

FOREVER 21

飾品 2

ZARA

飾品 3

BEAUTY & YOUTH

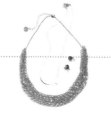

不論是項鍊或是戒指、耳環,都在台幣 500 元以下。價格實惠,有時卻能挖到質感很棒的寶貝!因此備受消費者好評。

有很多花俏飾品能讓簡約服飾呈現獨特個人風格。我選擇的是比較簡單的樣式,日常也能配戴。

UNITED ARROWS 的休閒品牌。雖然也有高價的商品,但首飾大多落在台幣 1500 元上下,具設計感,質感也不俗,因此我時常光顧。

冬天的重裝大衣

黑色查斯特大衣

黑色硬挺的查斯特大衣，還是最適合搭高跟鞋。那種對比的感覺能將女人味烘托出來。（Muse de Deuxieme Classe）

橄欖綠大衣

我很喜愛橄欖綠，在市面上卻遍尋不著，只好到認識的店家花了2萬日圓左右（約台幣5600元）訂做。不論任何打扮，都能透過這件大衣優雅帥氣地統整起來。（Fit Me order made）

海軍藍毛呢連帽大衣

前排是拉鍊，沒有毛呢外套的沉重感，因
此深得我心。此外多了連帽設計，所以穿
著時建議將頭髮綁起來，讓臉顯得清爽。
（COS）

軍裝風外套

短暫外出或出遊時，一套上就能出發，非
常方便。若有附內裡，跨季也能穿，實用
又好看。（UNITED ARROWS）

將 UNIQLO 輕羽絨
藏起來的祕技

輕羽絨又薄又輕，穿了不顯胖，能藏在大衣底下，是嚴冬禦寒的最佳內搭羽絨衣。但因為露出來不太好看，所以我都會這樣穿。

NG 正式打扮時，內搭的羽絨衣露出來，導致太過休閒……

1 先把最底下的扣子扣在背後。

2 將第一顆鈕釦附近的領口朝裡面摺。

3 再把大衣穿在外面，裡頭的輕羽絨就完全看不見了！

4 即使露出一些也不明顯。

Chapter 05

BEAUTY

氣質美人改造法

———

一髮型、二化妝、三服飾，
時尚氛圍由髮型決定！

時尚氛圍由髮型決定！

如果有「不論穿什麼都差不多」的煩惱，我從經驗中發現，「髮型
過於樸素」是關鍵因素！想要營造時尚氛圍，髮型是最重要的。若
我只頂著一頭黑色又直到不行的長髮，肯定會邋遢到無法出門，
所以我習慣把髮色染亮一點，早上一定要用電棒夾簡單地夾一下，
做好造型才出門。

最愛電熱髮捲！

手拙、偷懶都適用！

從學生時代我就愛用電熱髮捲，它可以為所有髮型打下基礎，捲出漂亮的弧度。除了操作方便，在捲的時候還可以做其他早上的準備，一點也不花時間。

ONE POINT

捲之前……

若沒時間也可以省略。

將髮尾往內吹。

我對瀏海有特殊的堅持，只要看不順眼就一定要把髮根沾溼，用吹風機左右輪流吹乾。

日比理子流・不凌亂又自然的髮型整理術

① 將頭髮扭一扭捲起來。

→

② 把八個都捲完，位置隨意就好。

↓

④ 用定型噴霧在內外側輕噴幾下，髮尾再擦一些髮臘抓出線條就完成了。

←

③ 等電熱捲冷卻後，全部鬆開。訣竅在於一口氣統統拆下來。

簡單不失敗的髮型變化特輯

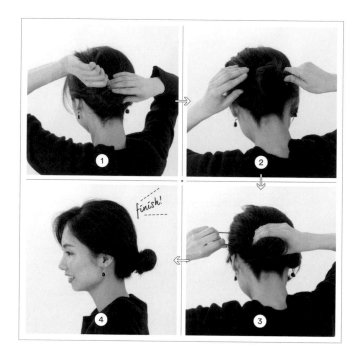

— Hair Arrange —

低盤髮

搭帥氣或甜美的打扮都好看，我常用來配套裝。

How to

❶ 用手將頭髮抓成一束，把髮束扭緊。

❷ 將髮束繞圈圈盤起來。

❸ 髮根用髮圈綁好。

❹ 沒綁到的頭髮用小黑夾固定、整理造型。

— Hair Arrange —

高馬尾

不要綁太整齊，用手稍微梳開，就成了大人的俏麗馬尾。想呈現成熟可愛的感覺時，就用這個髮型。

let's try!

How to

❶ 將頭髮往上梳。

❷ 用手抓一抓，綁在下巴與耳朵的延長線上。

❸ 沾些許髮臘用指尖抓出線條，整理出率性自然的感覺就完成了。

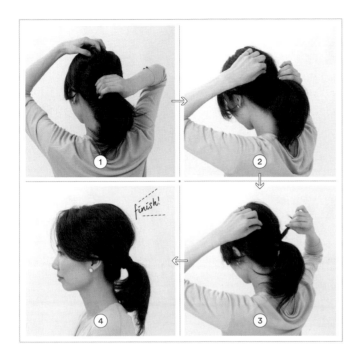

finish!

—— Hair Arrange ——

簡單低馬尾

低馬尾雖然只是隨性地將頭髮低低地綁成一束,卻很有女人味,與任何風格都能搭配。

How to ——

1　用手將頭髮抓起來,綁成一束。

2　看著鏡子,將頭頂到後腦杓,以及側面的頭髮都抓鬆一點,避免過於服貼。

3　從髮束中拉一撮頭髮,繞著髮圈轉一圈,將髮圈遮住,再用小黑夾固定。

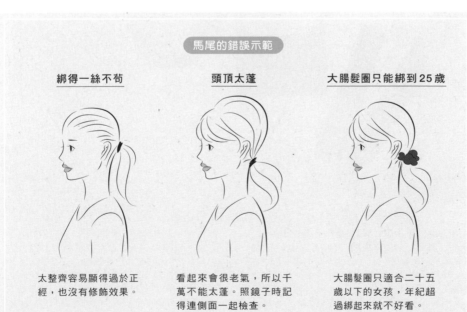

馬尾的錯誤示範

綁得一絲不苟	頭頂太蓬	大腸髮圈只能綁到25歲
太整齊容易顯得過於正經,也沒有修飾效果。	看起來會很老氣,所以千萬不能太蓬。照鏡子時記得連側面一起檢查。	大腸髮圈只適合二十五歲以下的女孩,年紀超過綁起來就不好看。

自然裸裝正流行！MAKE UP

我大部分的服裝都是休閒款，所以妝容也是自然派。隨著年齡增長，我愈來愈在意保濕度與光澤度，所以我會特別挑選帶有光澤感的產品，並使用打亮來修飾妝容，打造出精緻輕盈又彷彿自然素肌的最佳平衡裸妝。

我愛用的平價化妝品

MINON
水潤保濕面膜

低刺激配方，敏感肌和乾燥肌皆可安心使用。我是利用網路商店購買，非常方便。

01_KATE：眼線液／極細好畫、不染不暈。02_KATE：眉筆／適合加強眉尾及補色。我喜歡芯的硬度與滑順的手感。03_Visee：腮紅霜／能讓容易乾燥的雙頰散發自然光澤。她會自然暈開，使用起來出乎意料地方便。04_Curel：護唇膏／我的嘴唇很容易乾燥，多方嘗試後才終於找到這一款，潤澤度非常持久。05_KATE：眉粉／含3個顏色，可自由調配，相當方便。06_RIMMEL：眼影／優雅的珠光在肌膚上顯得自然。07_RIMML：打亮棒／不是純白，上起來很自然。08_KATE：染眉膏／配合髮色使用，比黑眉更柔和。09_MAYBELLINE：睫毛膏／為了保護睫毛，平常我是不塗的，只在必要時使用。不易結塊，自然持久，因此深得我心。

POINT 1

適度打亮很重要！

將眼下三角地帶打亮，能營造開朗、氣色好的印象！眼下也適合用容易塗抹的打亮液。

① 先在眼下塗上打亮棒。
② 用手指輕輕推開。

POINT 2

刷具品質很重要！

好刷具比化妝品附的柔軟，對皮膚的刺激較小，上起妝來也比較自然。

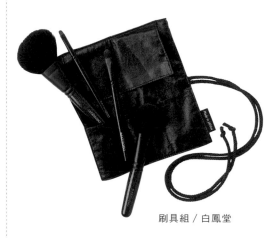

刷具組／白鳳堂

POINT 3

好物分享——腮紅霜

自從造型師告訴我「腮紅霜」以來，我就一直是腮紅霜的擁護者。Visee 的腮紅霜非常好用，能呈現立體感與自然的光澤感，給人年輕的印象。

① 用手指沾取腮紅霜，沿著顴骨凹陷處，連續點在臉頰三處，就像蓋印章一樣。

② 用手指輕輕抹開，畫出彎彎的勾玉形。

③ 定妝用的蜜粉只要上在 T 字部位就好，避免將光澤感掩蓋掉。

01

免修圖！
讓臉自動變小的技巧

[髮型]
- *hair style*

把頭髮俐落地綁
起來，臉看起來
會比較小。

[V 領]
- *v neck*

穿 V 領清爽地露
出胸口，也能讓
臉變小。

[髮型]
- *hair style*

頭髮蓬鬆，肩膀
看起來就會比較
窄，導致臉相對
膨脹。

[鞋子]
- *shoes*

為了避免髮型蓬
鬆導致臉大，最
好穿 7、8 公分
左右的高跟鞋來
修飾身形。

02 簡約俐落的圍巾圍法

圍的時候稍微露出一些頸部肌膚，不但看起來清爽，還能修飾臉部線條。

把脖子團團圍住，脖子就會變短，導致臉看起來變大。

03 想要修飾臀部，要挑有後口袋的設計

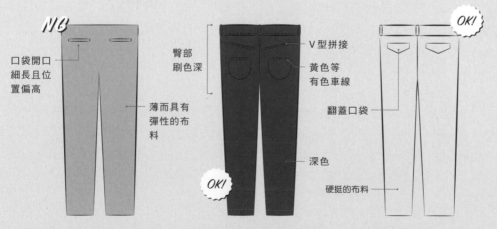

口袋開口細長且位置偏高

臀部刷色深

V型拼接

黃色等有色車線

翻蓋口袋

薄而具有彈性的布料

深色

硬挺的布料

少了細節上的設計，看起來死板，會直接影響臀部曲線。

細節具有設計感，能修飾線條，讓臀部看起來變小。再加上收斂的深色，更能收束臀部，腿也會修長。

正式褲裝的翻蓋後口袋，能讓臀部看起來變小。

04　看起來小一碼的顯瘦色

[亮色]　　　　　　　　　[暗色]

！ 看起來或胖或瘦，與顏色的亮度是有關的。

（亮色＝膨脹色、暗色＝收斂色）

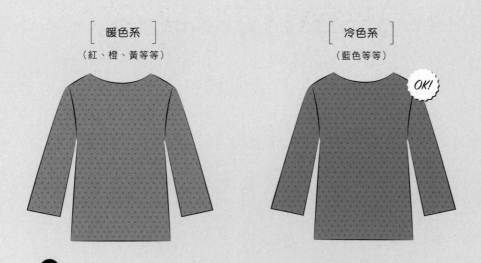

[暖色系]　　　　　　　　　[冷色系]

（紅、橙、黃等等）　　　　　（藍色等等）

！ 暖色系看起來距離較近，冷色系感覺距離較遠。

（暖色＝膨脹色、冷色＝收斂色）

05 想要顯瘦千萬不能全身黑！

用黑色收束。

前襟敞開，強調垂直的線條，具有修飾的效果。

全身從頭黑到底，顯得太沉重了。

想要顯瘦，不妨穿深色外套營造明亮對比。此時內搭衣物可以穿膨脹色，讓效果更明顯。

06 嬌小的人穿平底鞋要選淺口款

遮住腳背的款式會讓腿看起來變短。

選淺口款露出肌膚，腿看起來比較長。
若是尖頭鞋，修飾效果又更好。

07 在意小腿的人最適合的長度

[裙子]

[寬褲]

[西裝褲]

別讓裙襬切在小腿肚
最粗的地方。

高跟鞋建議選尖頭款，裙長在小腿
肚往下一點的地方最好看！

08 　豐滿型的人穿有彈性的單品要小心

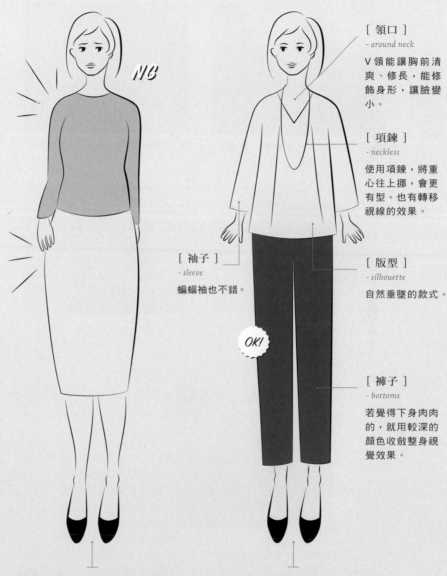

NO

[領口]
- *around neck*

V領能讓胸前清爽、修長，能修飾身形，讓臉變小。

[項鍊]
- *neckless*

使用項鍊，將重心往上挪，會更有型。也有轉移視線的效果。

[袖子]
- *sleeve*

蝙蝠袖也不錯。

[版型]
- *silhouette*

自然垂墜的款式。

OK!

[褲子]
- *bottoms*

若覺得下身肉肉的，就用較深的顏色收斂整身視覺效果。

材質是針織、毛線，版型又過於貼身的款式，會讓身體線條原形畢露，要特別留意！

選不貼身也不鬆垮的版型，材質要有垂墜感。

\ 在家自己洗！ /

UNIQLO 輕羽絨的清洗方法

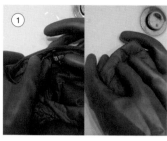

將汙漬、袖口、衣領等特別髒的
部位先預洗一遍。

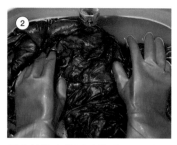

用中性的衣物柔洗精溫柔地搓洗。

洗完後輕輕壓平，用毛巾包起
來，將水分稍微吸乾。（千萬不
能用扭的，以免破壞版型。）

放在太陽不會直曬的地方陰乾。

Finish!

晾個幾小時就會完全
乾燥了。版型不但維
持得很漂亮，羽絨也
很蓬鬆。

! 想維持版型就不能用洗衣機，只能溫柔地手洗。另外，為避免傷害
布料，最好也別脫水烘乾。洗標上雖有註明不能乾洗，以免溶劑損
害衣物，但若沾染了在家中很難自行清理的油漬等髒汙，還是拿到擅長
洗羽絨衣的洗衣店，請專家處理吧。（參考自日本UNIQLO顧客諮詢室）

Chapter 06

CARE

保養方式

———

讓衣服隨時亮麗如新！

讓衣服隨時亮麗如新！

與過去相比，現在的衣服能用便宜的價格買到，但若因為衣服廉價就亂買又疏於保養，穿完一季便扔掉，那就太可惜了。神奇的是，若能勤加保養，對衣服就會產生感情，愈來愈珍惜她。其實，只要掌握一些小技巧，保養也能很輕鬆。不論是昂貴的服飾或便宜貨，即便不能如新品般完美無瑕，也能延長壽命，長保如新，這就是我要強調的主題。

① 使用衣物刷吧！

衣物刷除了能保養不可頻繁清洗的大衣與西裝外套，就連毛衣類等普通的衣服也適用！衣物刷的優點有以下兩點。

優點 1
能深入纖維，將灰塵掃出來。

優點 2
能整理纖維的方向，防止毛球產生，維持觸感與外型。

(!) 毛衣平日就要保養，盡量在毛球產生前就用衣物刷將纖維梳開，整理方向。（棉質也可能會毛氈化，要特別留意。）

(→) [衣物刷的使用方法]

bow to brushing. **01**

先由下往上，用手腕操控刷子，細細地梳理，將灰塵掃落，盡量把深入纖維的汙垢刷出來。衣領、縫線處都要仔細清理。

bow to brushing. **02**

由上往下揮動梳子，整理纖維的方向。

→ [刷子的挑選法]

建議選細密有彈性的馬毛刷，而非尼龍刷。因為馬毛刷連喀什米爾等纖細的材質都能梳理，任何衣物都適用，加上使用天然毛料製作，不易起靜電。毛長一點的比較好用。

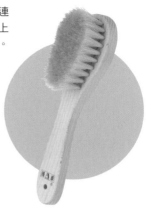

(!) 衣服脫下後，可以像這樣先掛起來，趁當天保養。

\ 超好用！/

→ [發現除毛球機！]

插電式的除毛球機馬力不會變弱，非常好用。不但輕巧好拿，還能依照毛長三段式調節，不會破壞毛料的質感。用來整理襪子及小孩的運動服也很管用！光是把毛球除掉，就能改頭換面，跟新的一樣！

除完毛球跟新的一樣！

連毛球這麼多的襪子，單面都只要2分鐘就能搞定！

[除毛球機]
灰 / KD778 / TESCOM

(!) 除毛球時記得要鋪平再使用，也不要用力抵在衣物上，以免將布料捲入。另外就跟說明書提醒的一樣，應盡量避免用在褲襪等較薄的材質上。

② 簡單！衣物熨燙法

熨燙是讓平價服飾看起來有質感的祕訣之一。只要有了熨斗，衣物就能立刻體面起來。建議選手持式的熨斗，比較輕巧。

TIPS 1 ［ 蒸氣與噴霧分開使用 ］

噴霧 → 嚴重皺褶

想將棉麻材質的嚴重皺褶去除，靠噴霧效果最好！將布料徹底噴濕後再整燙（要先確認布料能否沾水）。

— before —　　　　— after —

熨斗的蒸氣 → 不明顯的皺褶　小皺褶用蒸氣就 OK

TIPS 2 ［ 吊起來用手持熨斗稍微燙一下 ］

在忙碌的早晨，若有一把手持熨斗便能節省時間。只要將衣物吊起來，稍微燙一下就完成，以前一同共事的設計師曾和我分享：「我試過很多熨斗，這牌最推薦！又輕又好用。」他所說的就是這款 TWINBIRD 生產的手持式蒸氣熨斗。

［ 手持式蒸氣熨斗 ］
手持式熨斗＆蒸氣機
SA-4084BL／藍／TWINBIRD

像這樣把衣服掛起來，簡單燙一下。使用熨燙手套，襯衫衣襬等部位會更好燙平。

TIPS 3　[毛衣也能熨燙]

(!)　燙毛衣時，要改從布料背面噴蒸氣。從裡面噴蒸氣，能撫平皺褶，令毛料蓬鬆柔軟。

TIPS 4　[用半透明的布料當墊布]

用半透明的布料當墊布　→

保護細膩材質、不反光的熨燙墊布，建議選半透明款。
（百元商店就能買到）

不透明、看不見……	半透明，一邊燙一邊檢查

即使布料很薄，也看不到熨斗在燙哪裡，操控起來很不方便。

可以將熨斗瞄準不平整位置，隔著墊布一邊檢查皺褶一邊熨燙。

(!)　[我的收納箱]

手持熨斗及保養工具，建議放在容易拿取的地方。像我就特別準備了一個方便的收納籃，這麼一來即使是做什麼都慢吞吞的我，也能一想到就在五秒內拿出來使用。

3　帽子的保養訣竅

01	戴帽子前，先在容易被汗水和粉底弄髒的部分，貼上防汙膠帶。（→請參照 P21）
02	基本上帽子不能整頂清洗，只能在戴完後用刷子把灰塵掃掉。

❗ 衣服要這樣收納！

我雖不是收納專家，但卻喜歡整理衣物，若覺得目前的衣櫃有問題，就會重新審視收納方法。

→ ［ 衣架 ］

我的衣架幾乎都是買MAWA。可以節省空間，讓衣櫃一目瞭然。

襯衫

襯衫專用衣架的領口大小剛剛好，讓領子到肩膀的線條保持挺立，非常推薦。（MAWA衣架／36號）

褲子

褲子的重量能拉平皺褶，讓膝蓋的部分展開，連西裝褲都能保持得很漂亮。不但不會滑落，也沒有明顯的夾痕。（MAWA衣架／褲夾）

MAWA SHOP JAPAN　http://www.mawa-shop.jp

裙子

能一口氣夾四條裙子，塑膠材質、重量輕、品質佳，不愧為日本製。
（DAYS SKIRT 四層裙夾）

NK PRODUCTS　http://www.rakuten.co.jp/nkproducts

[毛衣]

掛在衣架上容易因重量變形,所以我都是折起來收納。

[襪子]

摺起來避免拉扯到襪口,再按照收納箱的高度立起來排放。

[皮帶]

在衣櫃裡掛勾子,一起吊起來。

[帽子]

統一收納在櫃子裡,以免沾染灰塵。

[包包]

為了節省空間,我在衣櫃間的門上設了掛勾來吊包包。換季時,就會收進買衣服或包包時附贈的不織布防塵袋裡。

防水噴霧

③ 鞋子的保養方式

→ [穿鞋前的準備]

穿鞋前後都要適度噴上防水噴霧。不只能防水、還能抗髒汙。漆皮要用專屬的防水噴霧，否則會出現皺褶，光澤也會消失。

→ [帆布鞋的清理]

橡膠鞋底

橡膠圈可以用科技海綿清理。我試過橡皮擦、清潔劑等各式各樣的方法，還是科技海綿最好用。百元商店就有賣，可以擦得非常乾淨。

鞋頭

鞋頭會因為紫外線而泛黃，用百元商店的去汙鋼絲棉球就能恢復潔白，只是會有點霧霧的。

— before —	— after —

— before —	— after —

① ② ③

> 把很喜歡卻痛得穿不了的鞋子撐大！

→ [保養工具]

①〔漆皮專用清潔劑〕表面若霧霧的，可以用這個來恢復光澤。可以除去髒汙、防止龜裂。②〔麂皮專用清潔刷〕我會在穿完鞋後使用。先逆著毛皮紋理將髒汙掃落，最後順著紋理把毛刷整齊。③〔補色劑〕鞋子會褪色，若覺得不好看，就要時常補色。

→ [撐鞋器]

把會痛的部位左右、上下都撐大，鞋子就能合腳了。帆布鞋、高跟鞋也適用。訣竅是撐開多放幾天，並時常調整尺寸。不過合成皮有時會裂開，所以也不能硬撐。

\ 實用！ /

方便的小道具

洗衣球

只要把洗衣球丟進洗衣機裡，衣物就不會糾纏在一起，髒汙也容易脫落，晾起來也比較快乾，真是個一石二鳥的好商品！我把它們直接扔在洗衣機裡，所以收納不佔地方。購自百元商店。

魔法洗衣皂

不論是泥巴或是頑強的汙垢，都能以這塊肥皂瓦解。將衣物扔進洗衣機前，我都習慣用它預洗一下。對白色衣服特別能發揮威力（若有花紋可能會掉色，改用去漬液比較好）。

晾衣網（兩層式）

折疊式晾衣網可以晾乾洗好的毛衣，避免毛衣變形，也可以晾枕頭或玩偶，非常實用。下層可拆。購自日本3COINS。

修補毛衣勾線

[毛衣勾線修補針]
能輕鬆修補毛衣上的勾線。針分為粗細兩種，可依照布料來選擇尺寸。

毛衣就算勾線，也能在家裡修補！

⇒ 只要把針插入冒出的線頭根部就可以了

勾線修補針
2入
（Clover）

①毛衣被勾到，毛線冒出來了。

②將針插入冒出的線頭根部，把針直接往下拉。

③完全看不到線頭了，跟原本的一樣！

1件單品 X 6種風格
日本女孩認證最有感的時尚穿搭擴充術！

作　　者——日比理子
譯　　者——蘇暐婷
主　　編——林巧涵
執行企劃——林舜婷
美術設計——Rika Su
內頁排版——黃雅藍

第五編輯部總監——梁芳春
發 行 人——趙政岷
出 版 者——時報文化出版企業股份有限公司
　　　　　10803 臺北市和平西路 3 段 240 號 7 樓
　　　　　發行專線—（02）2306-6842
　　　　　讀者服務專線—0800-231-705　（02）2304-7103
　　　　　讀者服務傳真—（02）2304-6858
　　　　　郵撥—19344724 時報文化出版公司
　　　　　信箱—臺北郵政 79~99 信箱
時報悅讀網——www.readingtimes.com.tw
電子郵件信箱——books@readingtimes.com.tw
法律顧問——理律法律事務所陳長文律師、李念祖律師
印　　刷——詠豐印刷有限公司
初版一刷——2019 年 4 月 12 日
定　　價——新台幣 320 元
版權所有，翻印必究（缺頁或破損的書，請寄回更換）
ISBN 978-957-13-7746-9 | Printed in Taiwan | All right reserved.

時報文化出版公司成立於一九七五年，並於一九九九年股票上櫃公開發行，
於二〇〇八年脫離中時集團非屬旺中，以「尊重智慧與創意的文化事業」為信念。

1 件單品 X 6 種風格：日本女孩認證最有感的時尚穿搭擴充術！/ 日比理子作；蘇暐婷譯 .
-- 初版 . -- 臺北市：時報文化，2019.04
ISBN 978-957-13-7746-9（平裝）1. 女裝 2. 衣飾 3. 時尚　423.23　　　108003435

日文版工作人員
写真　　　　　遠藤優貴（MOUSTACHE）
　　　　　　　[カバー , p1, 5, 10, 33, 39, 45, 51, 57, 67,
　　　　　　　75, 96, 106)
　　　　　　　窪田慈美
　　　　　　　（帶，p6, 7, 12~20, 22~26, 30 [上], 32,
　　　　　　　34~38, 40 [下], 41~44, 46~50, 52
　　　　　　　54~56, 58~62, 64~66, 68, 69 [上], 70~71,
　　　　　　　74, 78~82, 84, 85 [物品]
　　　　　　　86~87 [物品], 88~92, 94~95, 97, 100~103,
　　　　　　　107~111, 120, 126 [下], 127 [上]）

　　　　　　　上記以外、インスタグラム、著者撮影

ヘアメイク　chisa（ROI）[カバー , p1,5,10,33,39,45,5
　　　　　　　1,57,67,75,96,106)
ブックデザイン　河合宏泰
　　　　　　　中村衣里（VIA BO, RINK）
イラスト　　上田マルコ
校正　　　　大川真由美

MY STYLING BOOK by Michiko Hibi
Copyright © 2016 Michiko Hibi
All rights reserved.
Original Japanese edition published by DAIWASHOBO, Tokyo.
This Complex Chinese language edition is published by arrangement with DAIWASHOBO, Tokyo
in care of Tuttle-Mori Agency, Inc., Tokyo through Keio Cultural Enterprise Co., Ltd.,
New Taipei City.

C 804